REREADING THE WAR
重讀戰爭

從經典兵法到當代衝突

解構傳統戰爭迷思，
重建 AI 時代的戰略思維與制度防衛

魏承昊 著

當衝突從武裝轉為數據，
戰爭將成為全球秩序的隱形代碼

探索21世紀戰爭的多維戰場，從地緣博弈到演算法決策

目 錄

序言：戰爭不再如我們所認識的那樣　　　　　　　　　　　　005

第一章　戰爭的百年演變：從大國對抗到非對稱衝突　　　　　007

第二章　數位戰場：資訊、演算法與心理戰的崛起　　　　　　037

第三章　區域熱點與代理衝突：當代武裝衝突的樣貌　　　　　067

第四章　資源與科技：影響戰場的新戰略要素　　　　　　　　097

第五章　國際聯盟與小國戰略：全球防禦網絡的重塑　　　　　129

第六章　經典軍事理論的當代啟示：從孫子到博伊德　　　　　163

第七章　戰爭與法律：倫理、規範與現實的拉鋸　　　　　　　195

目錄

第八章　全民國防時代：國家安全的社會化轉型　　　227

第九章　全球軍事重整：撤退、改造與跨世代挑戰　　　263

第十章　未來戰爭圖景：AI、氣候與超國界衝突　　　297

序言：戰爭不再如我們所認識的那樣

「戰爭是政治的延續」——這句克勞塞維茲的名言至今仍被引用，但在 AI、資訊戰、氣候變遷與全球化錯綜交織的 21 世紀，這句話或許該被補上一句：戰爭也是制度崩解、技術加速與社會裂縫的放大器。

本書正是對此現象的系統性回應。它不是一本傳統的軍事史著作，也不是一部戰術手冊，而是一場橫跨歷史、科技、地緣政治與社會科學的交叉式閱讀，試圖從當代視角重新理解戰爭——不只是它如何發生，更重要的是，它如何變形、蔓延與滲透到我們的每一個日常決策中。

◎為什麼需要重讀戰爭？

過去，戰爭是有形的，是邊境線、軍服與戰車。而今日的戰爭，可能是你的手機裡的假訊息，是超商 POS 系統突然當機，是演算法在你不知情下扭曲的新聞排序。

「戰爭」這個詞的意涵，已從「爆炸與死亡」，擴展為「演算與韌性」。我們需要新的理論，新的案例，更需要新的語言與敘事方式，去捕捉這個變動中的主體。

◎關於這本書的設計與目的

本書分為十章，每章各自聚焦一個戰爭重構主題——從第一次世界大戰的全面戰爭誕生，到 AI 模擬作戰與氣候驅動型衝突，每章結構包括：理論分析、歷史延伸、現代戰例、臺灣情境思考與總結回應，試圖建立一套從過去看未來、從遠方看自身的國際戰爭閱讀模型。

■ 序言：戰爭不再如我們所認識的那樣

我們希望透過這本書，讀者能理解：

- 為何「軍事」已不再是軍人的專利，而是政治、科技、媒體與公民社會交會之處；
- 為何「安全」不再只是國防部門的任務，而是全民參與的韌性體系；
- 為何我們不該再問「戰爭會不會發生？」，而要問「我們是否準備好共同承擔衝突所帶來的一切改變？」

◎給臺灣，也給這個時代

本書誕生於臺灣，一個地緣壓力持續升高、資訊環境極度活躍、同時又深具科技與公民力量的島嶼。我們相信，臺灣不只是潛在的衝突焦點，更是戰爭閱讀與戰略創新的前哨站。

透過這本書，我們希望提供的不只是分析，而是一種態度：讓理解戰爭成為公民教育的一部分；讓每一個人都能以自己的方式參與「和平的實踐」。

如果你讀完這本書後，不再把戰爭想成遙遠戰場上的兵棋對弈，而開始意識到，它可能就在手機通知聲中，在斷電當機的那一瞬間，在一場選舉或假新聞的漣漪中悄然展開，那麼我們的目的就達到了。

這本書，獻給所有在不確定時代中，仍願意凝視戰爭、思考和平、行動的人。

第一章
戰爭的百年演變：
從大國對抗到非對稱衝突

■第一章　戰爭的百年演變：從大國對抗到非對稱衝突

第一節
第一次世界大戰與全面戰爭的誕生

戰爭是一種政治工具的延伸，但一旦爆發，它往往主導政治本身。

一、序幕開啟：歐洲火藥庫如何引爆世界大戰

1914 年 6 月 28 日，奧匈帝國皇儲斐迪南大公在波士尼亞的塞拉耶佛遇刺，引燃了整個歐洲的戰爭引信。然而這場暗殺僅是表層導火線，真正將歐洲推入戰爭深淵的，是長期堆積的結構性矛盾：帝國主義的擴張競賽、軍備競賽的加劇、民族主義的高漲，以及聯盟體系的自我綁架。歐洲大國之間錯綜複雜的盟約網絡讓任何局部衝突都有可能升級為全域戰爭。

例如：德國與奧匈帝國構成了「同盟國」核心，而英、法、俄三國則組成「協約國」。當奧匈對塞爾維亞宣戰後，俄羅斯出兵聲援塞爾維亞，進而導致德國向俄法宣戰，英國亦因對比利時中立的承諾而捲入戰爭。不到一個月，戰火便席捲整個歐洲。

這場戰爭不只是地區衝突，而是整體國際秩序的劇烈鬆動。從戰略理論來看，這正是「戰爭摩擦」與「政治性戰爭」的極致展現──小事件在複雜政治系統中觸發巨大崩壞，戰爭本身超越了原本的政治目的。

二、機器與人：工業革命如何改變戰爭面貌

第一次世界大戰之所以成為劃時代的戰爭，在於它是第一次全面導入工業技術、現代武器與後勤系統的大規模衝突。若說十九世紀的戰爭仍停留在馬匹、步兵與火炮協同作戰的階段，那麼進入二十世紀後，戰場上出現了裝甲車、戰車、飛機、毒氣與長距離火砲等大規模殺傷性武器，徹底顛覆了過往戰術思維。

特別是「壕溝戰」的出現，象徵著工業化殺戮的極致形式。士兵日以繼夜蹲伏在泥濘不堪的壕溝中，飽受砲火、傳染病、飢餓與心理壓力的雙重煎熬。法國的索姆河戰役與凡爾登戰役便是經典例子，光是1916年索姆河戰役，英軍採用密集隊形突擊，遭德軍MG08的強大火力殺傷，損失近57,000人，是英國軍事史上單日死傷最慘重的紀錄。

這場戰爭也見證了現代後勤系統的重要性。鐵路成為調度兵力與物資的命脈，而無線電與電報則改變了指揮與通訊方式。這些元素結合，使得第一次世界大戰成為全球第一場具備「系統化戰爭」特徵的戰爭，也呼應了富勒（J. F. C. Fuller）在其軍事理論中強調「技術即力量」的思想。

三、戰爭社會化：全民動員與家國命運

第一次世界大戰開啟了所謂「全面戰爭」的時代，其核心特徵即在於社會的全面動員。無論是士兵、工人、農夫、女性或孩童，無一不被捲入戰爭機器之中。這不只是軍事上的全員參與，更是國家政治與社會制度總體性的動員。

■ 第一章　戰爭的百年演變：從大國對抗到非對稱衝突

例如：德國實施了名為「興登堡計畫」的工業控制政策，將國內經濟完全轉為軍事服務；英國則在戰爭期間成立糧食部與彈藥部門，女性大規模投入工廠工作。這種模式促成了女性社會地位的變動，也加速了社會主義、女權主義與平等觀念的興起。

同時，新聞媒體與政府宣傳部門扮演了空前重要的角色。各國政府設立「戰時新聞局」，用海報、電影、報紙等方式形塑輿論、激發愛國心。例如：英國的「Your Country Needs You」招募海報成為全民動員的象徵。

這也正是李德哈特（B. H. Liddell Hart）所指出的戰爭的目標應該是瓦解敵人的意志與心理防線，而非單純的正面軍事消滅。在未有明確理論架構前，就已在這場戰爭中大量實踐。戰爭，不只是軍事的對抗，更是國家敘事與意識形態的競爭場。

四、戰後重構：戰爭遺產與地緣政治的變化

1918 年 11 月 11 日，德國簽署停戰協議，第一次世界大戰正式結束。戰後的巴黎和會雖名義上是和平談判，實質卻為新帝國主義的分贓桌。戰勝國對戰敗國課以高額賠款與領土割讓，尤其德國在《凡爾賽條約》中被迫承認「戰爭罪責」，導致其國內經濟與社會秩序急劇崩潰。

這一戰後秩序引發兩大深遠影響：第一，歐洲帝國體系走向解體，奧匈帝國、奧斯曼帝國等多民族國家瓦解，誕生出數個新興民族國家，但也埋下新一輪衝突根源；第二，激進思潮與民族主義的滋長，促使極權政體興起，為希特勒與法西斯運動提供了社會土壤。

從戰略層面來看，這場戰爭與和平進程揭示了一個關鍵命題 ── 戰

爭本身並不總是達成和平的工具，錯誤的和平安排甚至可能種下下一次戰爭的種子。正如《戰爭論》所言，若政治目標與軍事手段脫節，戰爭將變得毫無意義。

五、戰爭教訓與現代啟示

第一次世界大戰雖已過去百年，但其核心議題與結構性教訓，至今仍對現代國際政治與軍事戰略有深遠啟發。首先，它證明了聯盟體系若缺乏明確危機管控機制，將使危機升級為全球性災難。這在 2022 年俄烏戰爭中再度展現：北約東擴與俄羅斯安全焦慮之間的張力，正是過往歷史的重演。

其次，它提醒我們，技術雖可加強軍事效率，卻無法終結戰爭——相反，技術可能擴大殺傷範圍與戰爭規模，這點在今日無人機、AI 殺傷系統發展上更須謹慎對待。第三，社會的集體記憶與敘事，將形塑國家如何準備戰爭與理解戰爭，這意味著教育、文化、媒體亦為「戰爭預備役」。

最後，第一次世界大戰讓我們理解戰爭的本質並非偶發，而是結構性失衡的產物。當軍事、政治、經濟與文化系統同步失靈時，戰爭才會爆發。因此，真正避免戰爭的方式，不在於單純加強軍備，而是設計出能夠吸收衝突與矛盾的制度架構與多邊機制。

第二節
第二次世界大戰與戰略整合的崛起

勝利不再只是戰場上的決鬥，而是整個國家機器的協奏。

一、從布列斯特到閃電戰：納粹德國的戰略縱深

第二次世界大戰並非憑空爆發，它是第一次世界大戰後錯誤和平架構的延續與報復結果。納粹德國在阿道夫·希特勒的領導下，以《凡爾賽條約》的不公平條款作為政治動員口號，重新整備軍備與國家體系，最終於1939年9月1日閃擊波蘭，正式揭開戰爭序幕。

德軍採取「Blitzkrieg」（閃電戰）戰略，將裝甲部隊、空軍、通訊與後勤整合為高效殺傷機器，突破過去壕溝戰的僵局。這種高度協同的戰略概念，正呼應了克勞塞維茲提出的「戰爭重心」（center of gravity）理論：透過集中火力與速度打擊敵方核心，使其組織失靈、軍心崩潰。

1940年德國對法國的進攻，是閃電戰的巔峰實例。德軍越過馬奇諾防線，穿越比利時與亞爾丁森林，以機械化部隊迅速逼近巴黎，僅六週內迫使法國投降。這場勝利不只是軍事層面的勝利，更代表戰略整合與科技協調已成為現代戰爭的關鍵核心。

第二節　第二次世界大戰與戰略整合的崛起

二、跨洲戰爭：軸心與同盟的全球擴張

相較於第一次世界大戰的歐陸格局，第二次世界大戰真正成為了「全球戰爭」。這場戰爭橫跨歐洲、亞洲、非洲與太平洋四大戰區，交戰國多達六十多個，軍民傷亡超過七千萬人，創下人類史上最慘烈紀錄。

日本帝國於 1937 年對中國全面侵略後，進一步向東南亞擴張，1941 年突襲珍珠港，將美國捲入戰爭。此舉打破傳統地緣防線，促成美英中蘇四強合作，美國總統羅斯福與英國首相邱吉爾推動《大西洋憲章》，蘇聯則在東線拖住德軍數百萬兵力。

美國的參戰代表著「戰略後勤」時代的到來，其「Lend-Lease Act（租借法案）」提供盟國超過 500 億美元的物資支援，從戰車到飛機、糧食到藥品，建立起空前規模的全球供應網。此舉印證了克勞塞維茲「政治與戰爭一體」的觀點：國家意志與經濟體系的全面動員，才能維持長期戰爭。

三、海空立體戰爭：技術重塑戰場邏輯

若說第一次世界大戰的代表是壕溝與毒氣，那麼第二次世界大戰的代表性特徵則是立體戰爭（Three-dimensional warfare）的崛起：制空權、制海權與地面部隊相互配合，形成整合型作戰體系。

英國皇家空軍在「不列顛戰役」中挫敗納粹空軍，是戰略空襲被首次成功防禦的代表；太平洋戰場上則由航空母艦取代戰艦成為主力，決定性戰役如中途島海戰、珊瑚海海戰皆展現了空中優勢對制海權的影響。

此外，美軍在歐陸登陸（諾曼第 D-Day）前的「地毯式轟炸」，以及對

■第一章　戰爭的百年演變：從大國對抗到非對稱衝突

德國本土工業區如魯爾區、德勒斯登的持續空襲，則為「戰略轟炸」理論提供實證：削弱敵方工業能力與民心士氣是新型總體戰的組成要素。

這種戰爭模式與馬漢（Alfred Thayer Mahan）強調海權與全球布陣的戰略思想形成現實交會，也奠定了日後冷戰以「核潛艇＋航空母艦＋洲際飛彈」為主軸的全球威懾體系。

四、科技與情報：第二戰場的無聲革命

第二次世界大戰也代表著現代軍事科技與情報戰的根本變化。密碼破解、雷達、聲納、核子武器與火箭技術的應用，讓戰爭不再只是士兵與武器的競爭，而是科學與資源分配的全面競賽。

英國的布萊切利園破解德軍「恩尼格瑪密碼」系統，被視為戰爭情報的重大勝利；美國曼哈頓計畫成功研發原子彈，不僅終結戰爭，更開啟核子戰爭的恐怖平衡時代；納粹火箭 V-2 成為日後太空科技與彈道飛彈發展的先聲。

這些技術突破不僅改變了當時戰場形態，也推動了後來冷戰時期的軍備競賽與軍事技術產業化，使戰爭能力與科技進程深度綁定。從克勞塞維茲視角來看，這是「潛在戰爭資源」轉化為「實際戰力」的最佳例證。

五、總體戰爭的總結：戰略整合的黃金時期

第二次世界大戰是「總體戰」（Total War）思想的巔峰實現：政治、軍事、經濟、科技、社會資源全面協作，戰爭不再僅是軍事行動，而是整個文明體系的對抗。

從盟軍的全球聯合作戰，到軸心國的戰略誤判（如德國東線作戰與日本偷襲美國導致的戰線過長），我們清楚看到「戰略整合」的重要性：各層面能力不協調，再多資源也難以致勝；相反，善用科技、外交與民心結合的國家，即使處於劣勢，也能逆轉戰局。

這場戰爭深刻影響了後世軍事與國際關係發展，也讓戰爭研究邁向一個更宏觀、更系統的方向：戰略不再只是戰術總和，而是國家整體能力與意志的投射。這一點，直到今日仍影響所有大國的安全戰略設計。

■第一章　戰爭的百年演變：從大國對抗到非對稱衝突

第三節
冷戰初期的軍備競賽與恐怖平衡

隨著威懾力的增強，戰爭的可能性就會降低。

一、雙極世界的形成：從同盟轉為對峙

　　第二次世界大戰剛結束不久，全球尚未從廢墟中重建，新的戰略對抗格局卻已迅速浮現。美國與蘇聯這兩個同為戰勝國的超級強權，儘管在對德作戰上曾一度聯手，但戰後在意識形態、地緣利益與安全結構上的根本差異，迅速將世界推入冷戰時代的深淵。

　　1947 年，美國總統杜魯門宣示「杜魯門主義」，正式以「反共」為外交核心，將美蘇分裂推向無可回頭之地。隨之而來的「馬歇爾計畫」與「鐵幕演說」象徵西歐被納入美國經濟與軍事影響範圍，與蘇聯主導的東歐集團形成截然對立的兩大陣營。

　　這樣的「雙極體系」讓冷戰不同於傳統戰爭，它不是以直接軍事衝突為主，而是以意識形態擴張、代理戰爭、軍備競賽與心理威懾構成全面對抗模式。正如克勞塞維茲的想定：「戰爭雖為暴力工具，但其最高目的仍為政治目標之實現。」冷戰即是這句話的另類延伸——當戰爭代價高到無法承受，國際政治將尋求非熱戰的對抗方式。

二、核武陰影下的戰略穩定

1945 年美國在日本廣島與長崎投下原子彈後,核武器即成為國際戰略的中心議題。1949 年蘇聯成功進行首次核試驗,代表「核武雙極化」的開端,亦即核毀滅的能力不再由單一國家獨占,恐怖平衡（Mutually Assured Destruction, MAD）成為維繫和平的悖論性機制。

到了 1950 年代,美蘇雙方開始部署更強大的氫彈與洲際彈道飛彈（ICBM）,每一枚都足以摧毀一個城市。這使雙方陷入「軍備遞增困境」,亦即不斷強化自身軍事力量,以維持威懾力,但也同時加劇對方的不安全感,導致軍備不斷擴張,進入軍事經濟的惡性循環。

此階段的核心軍事戰略理論,來自美國空軍軍事理論家湯瑪斯・謝林（Thomas Schelling）,他在《戰略的衝突》（*The Strategy of Conflict*）中主張,威懾的本質在於「使對手相信你真的會執行毀滅性的報復」,而非真正動手。這個理論奠定了「第二擊能力」與「核報復可信度」在核戰略中的重要地位。

三、鐵幕兩側的代理戰爭：韓戰與越戰

雖然冷戰時期大國避免直接交戰,但卻透過第三世界的戰場實現戰略賽局,形成所謂「代理戰爭」格局。其核心是由美蘇支持各自代理方,轉而將熱戰輸出至地緣邊緣區。

1950 年韓戰爆發,北韓在蘇聯默許下南侵,美軍立即介入,組成聯合國軍反擊；隨後中國派出志願軍支援北韓,戰爭膠著於三八線附近。此役

■第一章　戰爭的百年演變：從大國對抗到非對稱衝突

並未改變地緣現狀，卻確認了東亞作為冷戰前線的重要地位，並促使美國加強亞洲軍事部署與同盟體系，例如與日本、南韓簽署防衛條約。

越戰則更加深刻地展現了代理戰爭的代價與局限。自 1955 年至 1975 年，美國為防止越南「赤化」而深入干涉內戰，但最終未能阻止北越勝利。這場戰爭不但導致五萬多名美軍死亡，也引發美國國內政治與社會危機，影響深遠。

從戰略理論來看，韓越兩戰揭示「有限戰爭」與「非對稱作戰」的本質，即一方為維持勢力範圍介入，一方則以生存或民族解放為目標，形成意志強度上的落差，使軍事技術優勢無法轉化為戰略勝利。

四、間諜、資訊與科技的暗戰風景

冷戰時代另一個鮮為人知但決定成敗的領域，是「資訊戰」與「科技競賽」。中央情報局（CIA）與蘇聯國家安全委員會（KGB）無所不用其極進行情報滲透、暗殺、心理作戰與政權顛覆，資訊與間諜成為冷戰中的無聲主角。

例如：美國策劃的伊朗政變（1953 年）、智利政變（1973 年），皆為經典政治介入案例。另一方面，蘇聯亦在東歐與中東策動親共政府與游擊運動，透過非軍事手段穩固地緣影響。

太空競賽則是冷戰科技戰的具體化。1957 年蘇聯發射第一顆人造衛星「史普尼克一號」，震驚世界；1969 年美國成功登月，象徵技術與制度優越的象徵性勝利。這些事件不僅提升國家聲望，更為軍事科技發展奠基，例如 GPS、偵察衛星、遠距導引武器等軍民兩用技術皆源於此。

這些無形戰場的勝負，往往決定有形衝突的走向，也說明「現代戰爭」不僅限於火力交鋒，更關乎制度、科技與資訊優勢的長期競賽。

五、恐怖平衡的遺產與現代延續

冷戰雖於 1991 年隨著蘇聯解體而告結束，但其「恐怖平衡」的戰略思維至今仍深刻影響全球安全秩序。今日的核俱樂部已不再僅限於美俄兩國，包含中國、英國、法國、印度、巴基斯坦、北韓等國也擁有核能力，且有些尚未簽署《核不擴散條約》。

此外，核子武器之外的新型戰略武器亦不斷浮現，例如極音速飛彈、量子加密通訊、AI 戰略預測與指揮控制系統等，皆屬於現代「威懾延伸」的一部分。當人工智慧能自行啟動回擊機制時，第二次擊發的「可控性」問題將挑戰傳統威懾邏輯。

冷戰也啟發當代軍事結構改革。美國在冷戰後進行多次「國防轉型」，從大規模駐軍轉向特戰部隊與遠距打擊能力，蘇聯解體後的俄羅斯亦發展出「混合戰爭」（Hybrid Warfare）與「非對稱壓制」策略，在 2014 年克里米亞與 2022 年烏克蘭戰爭中展現。

總結而言，冷戰初期的軍備競賽與恐怖平衡，不只是歷史現象，更是現代戰爭理論與制度建構的基礎。它讓人類首度真正理解戰爭無法輕啟的代價，並迫使國際政治進入「在和平中準備戰爭」的長期結構性緊張狀態。

■第一章　戰爭的百年演變：從大國對抗到非對稱衝突

第四節
韓戰與越戰的制度性僵局與非對稱對抗

有限戰爭的恐怖不在於其烈度，而在於其無法收尾。

一、戰後分裂的亞洲：冷戰熱點的形成

第二次世界大戰結束後，東亞地區迅速成為冷戰的前線與代理戰爭的實驗場。朝鮮半島與印度支那原本只是日本與法國殖民秩序的延伸，然而戰後權力真空與大國賽局，讓這些地區淪為意識形態競技場。

1945 年美蘇分別在北緯 38 度線以北與以南接受日本投降，形成朝鮮半島的兩極統治。1948 年，北方由蘇聯扶植成立朝鮮民主主義人民共和國（北韓），南方則由美國支持成立大韓民國（南韓）。緊接著的 1949 年，中華人民共和國建立，加深美國對亞洲「共產主義蔓延」的憂慮，進而形成圍堵政策（Containment Strategy）的亞洲版。

越南則在 1945 年胡志明宣布越南獨立後，歷經法越戰爭、日內瓦協議（1954 年）、美國逐步介入等階段，走向南北分裂。這些戰後安排並非基於當地民族意志，而是由國際制度強行架構，最終導致制度性僵局與長期衝突。

二、韓戰：有限戰爭的現實與衝突控制的困境

1950 年 6 月 25 日，北韓在蘇聯與中共默許下突襲南韓，迅速攻占首爾。美國隨即出兵干涉，並主導聯合國安理會決議，組成聯合國軍支援南韓。戰爭初期形勢劇烈搖擺：北韓南侵、仁川登陸反攻、聯合國軍逼近鴨綠江、中共志願軍介入、戰線回落至三八線，最終於 1953 年達成停戰協議，劃定軍事分界線。

此戰爭未達成統一目標，但確立「有限戰爭」（Limited War）的概念，即大國在擁有核威懾的前提下，不再進行全面戰爭，而是在控制風險範圍內進行軍事博弈。這種戰爭形態之核心，並非完全擊敗敵人，而是防止敵人獲得戰略突破。

韓戰也深刻反映克勞塞維茲的觀念「摩擦」與「政治目的脫鉤」問題。美國國內對麥克阿瑟將軍主張擴戰、甚至攻擊中國的提案反彈激烈，最終杜魯門選擇撤換其職務，維持戰爭限制，顯示政治層面的主導對戰爭走向的關鍵性。

三、越戰：非對稱戰爭的代價與戰略誤判

越戰（1955～1975）被視為美國軍事史上最深刻的創傷。起初美國以顧問方式協助南越政權，隨後逐步擴大投入兵力，至 1968 年高峰時美軍駐越人數超過 53 萬人。儘管美軍技術壓倒性優勢，但始終無法消滅北越正規軍與越共游擊隊，最終在國內反戰聲浪與士氣崩潰下於 1973 年簽署巴黎和平協定，1975 年南越淪陷，西貢淪陷成為冷戰象徵性轉捩點。

■第一章　戰爭的百年演變：從大國對抗到非對稱衝突

越戰揭示非對稱戰爭的三大教訓：

- 戰略目標模糊與政策錯配：美國試圖用軍事手段維持政治制度，但卻低估當地民族主義情緒與北越長期抗戰意志。
- 游擊戰術難以消滅：北越軍與越共游擊隊採取「敵進我退、敵駐我擾」的作戰邏輯，消耗美軍士氣與資源。
- 國內民意壓力與社會撕裂：電視戰爭首次讓戰爭暴行直達美國家庭，引發反戰運動、學運與政治危機。

這場戰爭也促使後來的軍事理論家重新界定「勝利」的意涵：若政治代價過高，即使戰場上占優也可能是戰略失敗。

四、代理戰爭背後的制度性僵局

無論韓戰或越戰，其根本困境皆來自國際制度的失靈。聯合國安理會因冷戰對峙而失效，無法有效調停衝突；而雙極體系的軍事對抗邏輯，使得小規模衝突容易升級為區域軍事危機。

同時，大國間的「安全困境」（Security Dilemma）不斷放大：當一方擴張軍事存在（如美軍在東亞部署），對方視為威脅，進一步強化自身防衛（如蘇聯與中國支援北韓與北越），結果形成軍備與戰略承諾的自我強化機制，導致衝突難以解除。

制度性的最大盲點，在於雙方對衝突終局缺乏共識。美國認為只要遏止共產擴張即可，北越與北韓則以民族統一為唯一目標。在無法建立「共同結束條件」的情況下，戰爭陷入「無終結之戰」（War without end）。

五、從歷史看現在：非對稱戰爭的當代表現

韓戰與越戰提供我們理解當代戰爭的核心視角。今天我們所見的俄烏戰爭、加薩衝突、葉門內戰，皆可視為制度性僵局與非對稱對抗的延伸。

例如：烏克蘭在 2022 年遭俄羅斯全面入侵後，展現出強烈的民族抵抗意志與西方支持形成的新型態代理對抗。儘管俄軍擁有更強武力，但烏軍透過無人機、社群戰爭、國際輿論與分散式防衛體系，成功拖住俄軍進展，正如越共當年消耗美軍的模式。

此外，現代非對稱戰爭加入更多維度：網路攻擊、認知戰、經濟制裁與能源武器化等，皆成為「混合戰爭」（Hybrid Warfare）的一環。這使得戰爭更難以界定與終止，回到克勞塞維茲的觀點：「戰爭是一場無限連續的政治競爭」，唯有制度設計能吸收衝突，戰爭才有結束的可能。

第一章　戰爭的百年演變：從大國對抗到非對稱衝突

第五節
從波斯灣戰爭到科索沃空襲的轉型模式

戰爭不再只是軍隊對軍隊的對抗，而是媒體、科技與國際合法性的綜合運作。

一、戰爭視覺化：波斯灣戰爭與電視即戰場的誕生

1990 年 8 月 2 日，伊拉克總統薩達姆・海珊下令入侵科威特，企圖控制波斯灣油源與戰略通道，引發國際譴責。翌年 1 月，美國聯合 28 國組成多國部隊，在聯合國授權下展開「沙漠風暴行動」，正式啟動波斯灣戰爭。

這場戰爭成為史上首次全球即時轉播的戰爭，CNN 現場畫面使全球觀眾見證戰火。這不僅改變了大眾對戰爭的想像，也使「資訊優勢」成為戰場一部分。新聞畫面與精準導引炸彈（如夜視鏡空襲畫面）建立起一種「乾淨戰爭」的幻覺，掩蓋實際的戰場殘酷。

從軍事角度來看，波斯灣戰爭是一次典型的「高科技決勝」戰爭。美軍運用 GPS、空中預警系統（AWACS）、電子干擾與地空協調作戰，僅 42 天便迫使伊拉克撤軍，損失極低。這也奠定了美軍「壓倒性優勢」與「快速決戰」戰略思維。

但學者如馬丁・范克勒維爾德（Martin van Creveld）與安德魯・巴塞維奇（Andrew Bacevich）指出，這場戰爭也反映出「技術幻覺」的陷阱——

戰爭被誤認為可被完美控制與精準結束，忽略其政治後果與長期治理成本，種下未來中東混亂的種子。

二、聯合國授權與合法性戰爭的界線

波斯灣戰爭也是聯合國制度少數成功介入的典範。在安理會第 678 號決議下，聯軍行動具備明確合法性，這使得美國得以建立全球支持，避免冷戰遺緒帶來的國際爭議。這樣的「合法性先行」策略，反映新戰後秩序的試探性建立。

但這套邏輯在 1999 年科索沃戰爭中卻遭遇挑戰。當時，南斯拉夫總統斯洛波丹・米洛塞維奇在科索沃推行種族清洗政策，導致阿爾巴尼亞裔大量難民湧入鄰國，國際社會壓力升高。然而由於俄羅斯反對安理會授權使用武力，北約在未經聯合國決議情況下對南斯拉夫進行 78 天空襲，迫使其撤軍。

這場「無地面軍事介入」的戰爭成為「人道干涉」與「非正式合法性」的開端。其核心爭議在於：是否為阻止人道災難而違反國際法，是道德正當性凌駕法理正當性的起點？這也顯示出在多極世界中，合法性的彈性逐漸取代絕對權威。

第一章　戰爭的百年演變：從大國對抗到非對稱衝突

三、從火力集中到網路作戰：軍事技術的整合演進

波斯灣與科索沃戰爭代表著軍事作戰模式的根本變化：從傳統火力投射，轉向資訊整合與數位控制。這兩場戰爭中，美軍皆大量使用電子戰、精準打擊與通訊攔截，初步構成所謂「網路中心戰」（Network-Centric Warfare, NCW）雛形。

在沙漠風暴行動中，美軍透過電子地圖、即時衛星影像與數位化作戰平臺，使指揮官能跨部門即時決策。到了科索沃空襲，無人偵察機 MQ-1 掠奪者首次進入作戰序列，空中打擊也更多仰賴資料鏈整合。

這種科技驅動下的戰爭模式，源於富勒（J. F. C. Fuller）與李德哈特（B. H. Liddell Hart）提倡的「機動戰」與「間接路線」思想，只是從地面機動轉向資訊機動，打擊敵人後勤、資訊與指揮系統，以癱瘓而非正面壓制對手。

然而，這種作戰方式亦有其盲點：對非正規部隊、游擊戰、城市戰或人盾戰術，科技優勢難以轉換為壓倒性優勢，這在後來伊拉克與阿富汗戰爭中被證實。

四、媒體戰與「清潔戰爭」的迷思

波斯灣與科索沃戰爭皆被包裝為「文明對抗邪惡」的典範，媒體在其中扮演極為關鍵角色。CNN 在波斯灣戰爭的即時播報、NATO 於科索沃空襲中的即時簡報與記者會策略，都形塑了「正義空襲」的國際認知。

這正是小約瑟夫·山繆·奈伊伊所謂「軟實力戰爭」的展現：戰爭不僅

在於實力壓制，更在於故事主導。透過精準敘事、視覺控制與輿論包裝，戰爭被去政治化、道德化，讓干涉行動更具合法性與國際接受度。

但這種戰爭敘事模式也帶來嚴重後果。過度包裝使得社會對戰爭後果缺乏認知，導致對戰後治理與重建缺乏耐性。戰爭成為短期「視覺勝利」，卻忽略長期穩定。例如伊拉克戰後出現權力真空與教派衝突，反成為恐怖組織壯大的溫床。

五、轉型典範的延續與再思考

波斯灣戰爭與科索沃空襲之所以重要，不僅因其軍事勝利，更在於其代表一種新戰爭模式的開端：短期、高科技、有限介入、媒體導向與合法性操作。

這樣的模式深刻影響 21 世紀的美軍介入行動——從阿富汗、伊拉克到敘利亞，美國與西方盟邦越來越傾向使用空中打擊、無人機襲殺與特戰部隊，而非大規模地面部隊。但也因此，戰爭變得「無形化」、「無終點化」，目標模糊、後果擴散。

從戰略理論角度來看，波斯灣與科索沃象徵一種「從軍事勝利到戰略模糊」的過渡時期：軍隊能迅速奪下空域與地區，但無法穩定治理與建立秩序。這提醒我們，戰爭從來不只是火力與時間的計算，更是政治與制度的系統工程。

第一章　戰爭的百年演變：從大國對抗到非對稱衝突

第六節
南斯拉夫內戰：
種族、主權與干涉的複雜衝突

當國界不再被承認，戰爭不再是國與國之間的事，而是鄰里間的屠殺。

一、聯邦崩解：從多民族合作到主權解體

南斯拉夫原為冷戰時期少數非蘇聯陣營的社會主義國家之一，由約瑟普・布羅茲・狄托（Josip Broz Tito）領導下的多民族聯邦於 1945 年成立，包含塞爾維亞、克羅埃西亞、斯洛維尼亞、波士尼亞與赫塞哥維納、馬其頓、蒙特內哥羅等六個加盟共和國。儘管制度上標榜平等，實際上聯邦內部長期存在民族認同、宗教信仰與經濟發展差異。

1980 年狄托去世後，聯邦政府逐漸喪失凝聚力，地方民族主義升高。1991 年，斯洛維尼亞與克羅埃西亞宣布獨立，引發與中央政府（主要由塞爾維亞主導）的衝突，隨後波士尼亞與赫塞哥維納也宣告脫離，全面內戰爆發。

這一系列衝突並非單純的「分離主義叛亂」，而是一場涉及主權重組、民族清洗與國際介入的多層次戰爭。從國際關係理論角度來看，此戰突顯了「主權」與「認同」在現代戰爭中已不再絕對，而是具備高度可爭性與政治操作空間。

第六節　南斯拉夫內戰：種族、主權與干涉的複雜衝突

二、波士尼亞戰爭：現代種族清洗的悲劇原型

波士尼亞戰爭（1992～1995）是南斯拉夫內戰中最為血腥、最具代表性的階段。該地區人口由穆斯林（波士尼亞克人）、塞爾維亞人與克羅埃西亞人三大民族構成，互相交錯分布。一旦中央解體，地方武裝與民兵組織立即進行控制區域的爭奪。

塞爾維亞裔民兵（在塞爾維亞共和國軍支持下）發動所謂「族群清理」（Ethnic Cleansing），試圖將非本族裔居民驅離或屠殺，藉此建立種族單一的控制區。1995年雪布尼查大屠殺（Srebrenica Massacre）即為其高峰，逾8,000名穆斯林男性遭殺害，此案成為二戰後歐洲最大宗屠殺事件。

從戰略層面而言，這些行動雖屬極端殘暴，卻反映了戰略目的的轉移——不再是軍事勝利本身，而是社會結構與人口地圖的「重塑」，以達成不可逆的統治優勢。這種「政治戰爭」形式延伸了克勞塞維茲所說的「戰爭為政治目的服務」，只是形式更加極端與血腥。

三、國際干涉的爭議：介入、觀望與遲來的行動

初期，國際社會對南斯拉夫內戰的反應極為遲疑。歐洲聯盟內部無共識，美國則忙於冷戰後全球戰略重整，不願立即涉入。聯合國派遣維和部隊（United Nations Peacekeeping Forces）進駐波士尼亞，卻缺乏執法授權與武力防衛能力，導致聯合國保護區如雪布尼查無法阻止屠殺發生。

直到1995年8月，塞爾維亞軍隊發射砲彈攻擊塞拉耶佛市場，造成數十人死亡，國際輿論嘩然。北約隨即展開「慎重武力行動」（Operation

■ 第一章　戰爭的百年演變：從大國對抗到非對稱衝突

Deliberate Force)，對波士尼亞境內塞族武裝進行空襲，並迫使塞族勢力重啟和平談判，最終於 1995 年簽署《岱頓協定》。

這場介入被視為西方首次在無聯合國授權下進行人道干涉的轉捩點。其合法性與成效至今仍具爭議，但至少確立了一項事實：當國際制度失靈時，強權可以透過聯盟形式繞過安理會，建立「事後合法性」。

此後的科索沃空襲、利比亞內戰干涉等行動，皆受到波士尼亞經驗的啟發，讓「人道干涉」逐漸形成一種新的軍事正當性框架。

四、戰爭碎片化與非國家行為者的崛起

南斯拉夫內戰揭示了當代戰爭的兩大趨勢：第一是非國家行為者的崛起（Rise of Non-State Actors），即作戰單位不再是傳統國家軍隊，而是大量地方民兵、宗教武裝、族裔自衛隊，軍事行動與犯罪行為之界線愈加模糊；第二是非國家行為者的戰略作用日益強化，包括難民組織、地方政府、跨國媒體與人權 NGO 等，皆在衝突中扮演關鍵角色。

例如：人道救援組織「無國界醫生」與「紅十字會」在戰區的運作，不僅提供醫療援助，也向國際社會揭露戰爭真相，強化輿論壓力；地方媒體的即時報導則影響各國決策。這些皆為新戰爭形態的一部分：資訊與人道敘事已成為戰場資源。

南斯拉夫經驗證明，當主權國家解體、中央崩潰，戰爭形式將從傳統軍隊對抗，轉向碎片化的社群衝突與非正規戰爭，這正是後冷戰時代「新內戰」的典型表現。

第六節　南斯拉夫內戰：種族、主權與干涉的複雜衝突

五、從南斯拉夫到烏克蘭：歷史陰影的延續

南斯拉夫內戰並非孤立事件，其遺緒至今仍影響歐洲與全球安全架構。波士尼亞與科索沃雖已相對穩定，但主權爭議、民族裂痕與外交未承認問題依舊存在。俄羅斯對塞爾維亞與塞族地區的支持，也成為其重建地緣影響力的一環。

更值得注意的是，南斯拉夫內戰成為 21 世紀區域衝突與種族政治的預演。2014 年俄羅斯併吞克里米亞、2022 年全面入侵烏克蘭，其操作手法包括民族保護、地方傀儡政權建立、資訊混戰與國際制度對抗，與當年塞族策略有高度相似性。

此外，國際干涉的困境與合法性問題也延續至今。聯合國安理會常被否決權癱瘓，西方以選擇性正義行動，卻也因地區情勢與雙重標準飽受批評。

南斯拉夫內戰提醒我們：當國家解體與國際制度疲軟同步發生時，戰爭不僅無法預防，還將演變為制度真空下的暴力重組。

■第一章　戰爭的百年演變：從大國對抗到非對稱衝突

第七節
九一一之後：
反恐戰爭與非對稱衝突的常態化

我們不是與一個國家作戰，而是與一個陰影、網路與理念作戰。

一、恐怖攻擊的地緣戰略轉捩點

2001 年 9 月 11 日，美國遭受歷史上最嚴重的恐怖攻擊：蓋達組織劫持四架民航機，兩架撞擊紐約世貿雙塔，一架擊中五角大廈，一架在賓州墜毀，造成近三千人死亡。這一事件不只是國家安全的災難，更重構了 21 世紀初的國際戰略格局。

美國政府迅速將此次事件定義為「戰爭行為」，總統小布希提出反恐戰爭（War on terror）戰略，宣示美國將追捕所有支持、庇護或資助恐怖主義的組織與國家。這代表著戰爭對象從「國家」轉向「非國家行為者」，戰爭形態從領土爭奪轉向「意識形態與網絡打擊」。

此一轉變深刻展現了克勞塞維茲理論的延伸：若戰爭是政治目的的延伸，那麼「反恐戰爭」便是價值觀輸出的延伸 —— 是民主、自由與國家安全對抗極端主義與恐懼政治的長期鬥爭。

第七節　九一一之後：反恐戰爭與非對稱衝突的常態化

二、阿富汗戰爭：報復性干涉與持久占領

九一一事件後不久，美國與北約盟國展開「持久自由行動」（Operation Enduring Freedom），進攻阿富汗推翻塔利班政權，理由是該政權庇護了蓋達組織首腦賓拉登。初期戰事進展迅速，但隨後陷入長期游擊戰與地方治理困境。

美軍雖迅速控制首都喀布爾與主要城市，但塔利班並未滅絕，而是轉入鄉村與山區重組，進行持久游擊作戰。阿富汗廣大、交通困難、部族林立，對於國際軍隊的治理構成重大挑戰。美國與北約投入數百億美元重建，但腐敗與效能低落使援助效益大打折扣。

阿富汗戰爭也顯示了現代戰爭的結構性困境：軍事壓制容易，但治理重建難以為繼。美軍歷時二十年、付出近 2,500 人死亡與上萬億美元支出，最終於 2021 年倉促撤軍，塔利班重新奪回政權。這場戰爭被視為美國歷史上最長戰爭，其結果突顯「反恐戰爭」的制度疲勞與戰略失衡。

三、伊拉克戰爭：戰略誤判與權力真空

2003 年，美國再度以反恐名義進攻伊拉克，指控薩達姆政權藏有大規模殺傷性武器並與蓋達組織勾結。事後證明這些指控缺乏具體證據，卻已造成伊拉克政權更迭、社會解體與地區秩序崩潰。

戰事本身極為短暫，但戰後重建陷入泥沼。伊拉克軍隊被解編、政府機構癱瘓，導致地方秩序真空。2004 年以後，反抗軍、民兵組織、伊斯蘭國（ISIS）等勢力迅速崛起，城市游擊戰、宗派衝突與自殺炸彈成為常態。

■第一章　戰爭的百年演變：從大國對抗到非對稱衝突

　　伊拉克戰爭的最大教訓，在於戰略目標與手段的錯配。美國以現代軍事力量達成政權推翻，卻未能理解地方宗派結構與政治生態，反而為極端主義提供溫床。這場戰爭揭示非對稱衝突中，「占領」與「建國」是兩種截然不同的策略，需要完全不同的能力與資源。

　　此外，伊拉克戰爭對國際法造成重大衝擊。因未經聯合國授權，美英聯軍的合法性遭廣泛質疑。此役也喚起國際對「預防性戰爭」（Preemptive War）與「人道干涉」界線的重新思考，並激發全球反戰浪潮。

四、戰爭無邊界：非國家武裝與數位反抗

　　九一一之後的戰爭邊界變得模糊。恐怖組織不再以固定領地或明確國籍為特徵，而是遍布全球、運作分散。蓋達組織、伊斯蘭國、博科聖地、青年黨等群體，運用社群媒體進行招募、宣傳與情報傳遞，將恐怖主義轉化為分散式非對稱行動。

　　無人機（如 MQ-9 Reaper）、網路監控、電子情報成為美軍打擊恐怖主義的標準工具。美國在巴基斯坦、葉門、索馬利亞等地實施「斬首行動」，針對恐怖首腦進行定點清除。這類戰爭行動已經無須國會授權，甚至無需實際派兵，形同「遠距戰爭新常態」。

　　然而，這樣的作戰模式也引發人道與法律質疑：無人機誤炸平民事件頻傳、斬首行動缺乏國際審查機制、被殺者未經審判即遭處決，皆與戰爭倫理與國際人權相衝突。

　　戰爭也逐步轉入虛擬空間。ISIS 等組織善用推特、YouTube 與 Telegram 傳播意識形態，招募全球信眾。對應之下，西方國家則建立「網路司

令部」（如美國網戰司令部 Cyber Command），從線上資訊戰打擊極端主義敘事。此種戰爭型態已不是軍事與非軍事可分，而是認知與技術混合的持久對抗。

五、反恐戰爭的反思與未來演化

時至今日，九一一事件已過二十餘年，全球反恐戰爭雖未告終，卻正處於戰略轉型期。從當年的全球動員與多國聯軍，到今日的「小規模、低可見度、混合型態」，反恐戰爭已常態化，成為國家安全結構的內嵌成分。

美國與盟國逐漸從全面介入，轉為區域協助與代理戰術，如支持庫德族部隊打擊 ISIS、提供非洲國家技術與情報等。這種「低干涉、高控制」的戰略，雖減少國內政治成本，卻可能因地方勢力不穩而產生新一輪惡性循環。

此外，國際社會也逐漸強調「預防激進化」與「社會治理」的重要性，嘗試從教育、社區、宗教對話中降低極端主義土壤。戰爭不再只是軍隊任務，更成為社會整合與資訊管理的一環。

九一一後的反恐戰爭讓我們理解：當戰爭對象從明確國家轉為彈性網絡，傳統戰略理論必須更新。克勞塞維茲的戰爭三要素——暴力、偶然性與政治目的——在反恐時代被重組為新的三角：威懾、控制與敘事權。

■第一章　戰爭的百年演變：從大國對抗到非對稱衝突

第二章
數位戰場：
資訊、演算法與心理戰的崛起

■ 第二章　數位戰場：資訊、演算法與心理戰的崛起

第一節
愛沙尼亞 2007 —— 全球首宗國家級網攻

沒有槍聲的戰場，可能更難辨認敵人。

一、序曲：青銅士兵之爭與地緣記憶的對撞

　　2007 年 4 月，愛沙尼亞政府決定將位於首都塔林市中心的「蘇聯紅軍紀念雕像 —— 青銅士兵」遷移至軍人公墓，此舉立即引發當地俄語族群的激烈抗議與莫斯科的強烈不滿。對愛沙尼亞人而言，這尊雕像象徵的是蘇聯占領的陰影，而對部分俄語族裔而言，它則象徵著納粹戰敗與反法西斯勝利。

　　在這場記憶與主權的象徵衝突之中，實體抗議與外交抗議同步升溫。正當外界預期這將是一場標準的民族對立與外交拉鋸時，愛沙尼亞國內的數百個網站與資訊系統突然遭遇前所未見的大規模阻斷式服務攻擊（DDoS）—— 包含政府部門、媒體、銀行、學術與通訊機構全部癱瘓，長達三週。

　　這場事件的爆發，讓全球首度見證一個國家在未開火的情況下，遭遇明確具政治目的的系統性網路攻擊，後來被國際安全學界視為史上第一宗國家級網路攻擊。

二、攻擊樣貌：從技術操作到戰略打擊

根據愛沙尼亞國家資訊安全部門與美國北約專家後來的調查，攻擊行動分為三波段實施：初期為分散式阻斷（DDoS），中期進入針對 DNS 與路由協定的操控，末期則疑似進入特定政府與銀行系統進行內部干擾。這些攻擊來源主要經由全球殭屍網路節點發動，但追溯顯示部分指令伺服器來自俄羅斯 IP，並與俄國青年親政府組織「納什」活動有時間與內容上的高度重疊。

從戰略上看，這場攻擊並非單純的癱瘓行動，而是資訊層級的威懾打擊，目的是懲罰愛沙尼亞政府、動搖民間信任並展現政治力量。特別是攻擊波及銀行系統與主流媒體，使得社會日常運作近乎停擺，民眾無法提取存款、交通號誌癱瘓、新聞無法即時播報，形成極大恐慌。

這類行動與傳統軍事攻擊的最大不同，在於其「不可歸責性」：儘管高度懷疑俄方介入，卻無法直接證明其官方授權，讓愛沙尼亞在國際法框架下難以求償或反擊，也讓「戰略模糊」（strategic ambiguity）成為網路戰爭的基本特徵之一。

三、防禦機制與制度建設的迫切性

這場攻擊對愛沙尼亞雖然造成短期損失，但也成為該國資訊安全政策轉型的契機。愛沙尼亞政府在事後迅速建立「網路司令部」（Cyber Command），並強化公共部門的數位基礎建設，推動「資料去集中化」、「多重備援備份」與「資訊主權（Data Sovereignty）」的政策。

■ 第二章　數位戰場：資訊、演算法與心理戰的崛起

更重要的是，愛沙尼亞成為全球首個將網路主權納入國家安全戰略的國家。2008 年起，該國與北約合作，在塔林設立「北約合作網路防禦卓越中心（CCDCOE）」，成為全球網路防衛政策、模擬演練與法制建構的重鎮。

此案例也對其他國家產生深遠啟示。芬蘭與瑞典隨後強化其國防部資訊安全單位；美國國土安全部在 2010 年起設立美國網路司令部（United States Cyber Command USCYBERCOM）；臺灣亦於 2018 年成立資通電軍，並將資訊攻擊視為戰時防衛的重要一環。

四、戰略啟示：數位時代的無形戰爭場

愛沙尼亞事件開啟了戰爭空間的新模式。根據克勞塞維茲的觀點，戰爭是達成政治目的的暴力行動。然而在資訊時代，暴力不再需依靠炸彈或砲火，而是可經由資料封鎖、網路癱瘓、資訊操弄甚至群眾情緒誘導達成相同效果。

這類無形攻擊的特徵包括：

- 低成本高效能：攻擊一國數據中樞所需資源遠低於傳統軍隊部署，卻能癱瘓社會運作；
- 攻擊時間彈性高：可選擇政治敏感時機（選舉、社會抗爭）進行打擊；
- 「合理推諉」戰略（Plausible Deniability）：可藉由第三方組織、代理網絡與匿名技術避責；
- 結合心理戰與媒體干涉：資訊攻擊可同步操控群眾認知，擾亂公共敘事。

因此，現代戰爭已不再局限於地理疆域內的軍事對峙，而是延伸至虛擬空間的「零日戰場」，國防部門與資安體系的角色亦須重新定位。

五、未來預警：資訊戰爭制度設計的真空

儘管愛沙尼亞事件之後，各國對資訊安全投入日益擴大，然而在國際法與制度設計層面仍存巨大空白。根據日內瓦公約與聯合國憲章，目前對於「非致命性、非傳統性攻擊手段」仍無明確定義與反制權利。

2013 年北約 CCDCOE 發布《塔林手冊》(*Tallinn Manual*)，試圖從現行國際法角度規範網路戰，但其不具約束力，各國解釋亦大相逕庭。例如：美國認定資訊攻擊若造成「等同物理破壞」者，視為開戰依據；但俄羅斯與中國則主張「資訊主權」優先，反對干涉資訊流通。

這些差異讓資訊戰成為規範真空地帶，也讓國際間的戰爭門檻變得模糊。若缺乏清楚框架與共識，下一場資訊戰可能將不再是無人傷亡的「網路攻擊」，而是導致物理反擊與外交危機的真正戰爭。

■第二章　數位戰場：資訊、演算法與心理戰的崛起

第二節
俄烏衝突前期──假訊息與資訊作戰

戰爭開始於思想混淆，而非第一枚子彈。

一、戰前即戰爭：2014年克里米亞事件的資訊前哨戰

2014年2月，烏克蘭總統維克托・亞努科維奇在親歐盟抗議運動「尊嚴革命」中被推翻，隨後逃亡至俄羅斯。幾週之內，俄軍未著軍服、無國徽的「小綠人」迅速占領克里米亞，並協助舉辦一場國際間不被承認的公投，最終以「人民自決」為名，將克里米亞併入俄羅斯聯邦。

這場極具爭議的行動背後，實則鋪陳已久的資訊戰操作。根據英國牛津大學「互聯網研究所」（Oxford Internet Institute）與歐洲對外事務部（EEAS）的報告，自2013年起，俄羅斯就已透過國家支持的媒體如RT（Russia Today）、Sputnik、以及數千個社群媒體帳號，在烏克蘭東部與克里米亞地區散布多項敘事，包括：

- 烏克蘭政權為「法西斯分子政變」
- 俄語族群在烏克蘭遭到迫害
- 北約正試圖將烏克蘭納入軍事同盟以威脅俄國邊境

這些敘事透過傳統媒體與 Facebook、VK 等社群平臺擴散，導致許多當地居民在尚未目睹實際戰火前，便已心理上「脫離烏克蘭認同」，配合俄軍進入。

二、假訊息即武器：混合戰爭的敘事前鋒

俄羅斯的策略正是所謂「混合戰爭（Hybrid Warfare）」的核心思維 —— 結合資訊操作、心理戰、軍事威懾與法律模糊性，創造「非戰爭的戰爭態勢」。美國退役將領菲利普・布里德洛夫（Philip Breedlove）曾指出：「俄羅斯對烏克蘭所發動的不是熱戰，而是一場跨層級的敘事征服。」

這種戰略的重點在於，「訊息」本身即成為戰略資源與武器。舉例來說：

- 當烏克蘭政府宣布加強邊境防衛時，俄羅斯媒體同步報導「烏克蘭準備對頓巴斯發動屠殺」，引起東部居民恐慌；
- 每當歐美國家發出制裁聲明，俄國網軍即大量釋出「西方干涉烏克蘭內政」的指控，製造道德對等；
- 大量匿名社團與 Telegram 頻道散布「北約生化武器基地」與「美國操縱烏克蘭政變」等假訊息，混淆國際輿論。

這些策略運用網路演算法偏好情緒化內容的特性，讓假訊息與陰謀論得以快速傳播，形成資訊泡泡，使受眾在主觀感知中構築出一個與現實脫節但邏輯自洽的「另類事實世界」。

■ 第二章　數位戰場：資訊、演算法與心理戰的崛起

三、數位干擾與選舉介入：資訊主權的攻防

　　除了戰時訊息控制，俄羅斯在戰前也廣泛介入烏克蘭內部政治與社會議題。2014 年至 2020 年間，至少有三起烏克蘭國會選舉與地方選舉遭受假帳號干擾與錯假資訊操作，根據美國戰略與國際研究中心（CSIS）分析，俄方主要採取以下手段：

- 社群網路滲透：設立親俄帳號，模仿烏克蘭公民身分，評論、轉發與引導輿論；
- 深偽影片（Deepfake）：製作冒充政治人物發言的影片，混淆視聽；
- 釣魚與駭入行動：攻擊烏克蘭政府與媒體記者的信箱與內部平臺，獲取資料再斷章取義公開；
- 資訊時機選擇性爆料：釋出特定文件或錄音，雖真但經編排，造成社會撕裂。

　　這些行為的目的並不總是要扶植親俄政治勢力，而是削弱烏克蘭政治制度的合法性與民眾信任，使其在國際與國內均處於弱勢，為未來軍事行動創造輿論空間。

四、西方的應對與困境：民主體制的結構性脆弱

　　資訊作戰之所以能在俄烏戰爭前有效運作，與民主制度的開放性與言論自由密切相關。烏克蘭作為邁向歐洲體系的新興民主政體，在網路平臺上缺乏有效言論審查機制，也無明確機制區分「言論自由」與「敵對行動」。

西方國家雖逐步意識到俄羅斯資訊干涉的嚴重性，但普遍處於被動反應階段。例如歐盟在 2015 年才設立「歐盟對抗惡意不實訊息計畫（EUvsDisinfo）」，而 Facebook、Twitter 則常因言論自由爭議猶豫不決，導致親俄帳號可長期運作。

此外，多數民眾缺乏媒體識讀能力，難以判別資訊真偽，也未受過資訊作戰訓練，導致在極短時間內即被操控情緒，影響選舉與外交決策。

這顯示出資訊主權不僅是一種國防問題，更是一種公民教育與媒體責任的體系性議題，必須跨國協調與制度創新才能有效防禦。

五、資訊戰的預演與全面衝突的前兆

回顧 2014 年至 2021 年間，俄羅斯對烏克蘭進行的資訊作戰，可視為一場有預謀、持續性且系統化的戰爭預演。當 2022 年 2 月俄軍正式跨越邊境時，早已有數年鋪墊的敘事基礎、內部混亂與外部輿論模糊使得俄方行動得以爭取時間差與國際猶豫空間。

從戰略角度看，這場資訊戰的成功不在於「控制真相」，而在於「製造懷疑」：只要足夠多民眾對新聞報導與官方說法產生不信任，俄羅斯便能有效阻礙敵國的凝聚與協同反應，這正是「資訊對抗」的核心所在。

因此，未來戰爭不再始於炮火，而是始於敘事。資訊不只是輔助作戰，而是本身即為作戰形式之一。對民主政體而言，能否建構可信的訊息系統、快速應對假訊息、培養民眾辨識力，將是抵禦下一場戰爭的關鍵前線。

■第二章　數位戰場：資訊、演算法與心理戰的崛起

> **第三節**
> **演算法與戰場控制：**
> **AI 如何預測與指引戰術**

戰場不再只是人與人的競技，而是數據與數據的角力。

一、從資訊優勢到決策優勢：AI 進入指揮核心

現代戰爭的速度與複雜度日益提升，傳統的人類指揮與分析能力已無法即時掌握戰場全貌。人工智慧（AI）與機器學習演算法，於是被納入戰爭決策體系，作為指揮官的「輔助大腦」，進行戰場態勢預測、敵軍行動模擬、火力資源分配與最適路徑規劃。

這類應用最早可見於美軍「聯合全域指揮與控制」（Joint All-Domain Command and Control，縮寫為 JADC2）中。透過資料即時整合、演算法運算與戰場情境推演，AI 可迅速提供決策建議，縮短「感知－決策－行動」循環，甚至以預測式指揮超前敵方部署。

從戰略理論角度來看，這正是約翰·博伊德（John Boyd）提出的 OODA 循環（Observe-Orient-Decide-Act）的當代表現形式。AI 不僅縮短決策時間，更改變了誰能主導戰爭節奏的邏輯——掌握資料與運算優勢者，即可能壟斷制衡權力。

046

第三節　演算法與戰場控制：AI 如何預測與指引戰術

二、AI 指揮平臺的實例應用：Project Maven 與 Kyrgyz Shield

美國國防部於 2017 年啟動的「Project Maven」是最早大規模導入 AI 進行戰場影像辨識的計畫。該專案由 Google DeepMind 技術支援，用以訓練演算法自動辨識無人機拍攝的畫面中是否出現敵軍、車輛、武器與行動跡象。該系統可將龐大影像資料在數分鐘內完成分析，提供作戰單位即時情資。

此外，以色列軍方在 2021 年加薩衝突中使用名為「火力工廠」（Fire Factory）的 AI 系統進行攻擊排序與時段配置，使空軍能於短時間內完成超過百起空襲，並同步更新攻擊後資訊給下一波任務單位，展現了 AI 在火力節奏調度上的關鍵價值。

這些案例皆說明 AI 已從「輔助分析」逐步邁向「主動建議」，未來甚至可能朝向「部分自動決策」演進。

三、AI 戰術推演與模擬作戰：虛擬空間中的決勝先機

除了實戰輔助，AI 在軍事訓練與戰術模擬上的應用也日益成熟。透過數位孿生（Digital Twin）與虛擬戰場模擬，指揮官可在演習階段模擬敵軍行動，檢驗自身部署漏洞與資源分配問題。

美軍、英軍與日軍均已建立虛擬兵棋系統，採用 AI 進行千萬種作戰變數模擬。例如：美國空軍 AI 系統可模擬空戰中飛行員與 AI 無人機之對抗，在多次實驗中 AI 成功擊敗資深戰鬥機飛行員，展示了超常反應與非

■第二章　數位戰場：資訊、演算法與心理戰的崛起

線性機動能力。

　　此外，AI 也可協助製作「行為剖析模型」，預測敵方指揮官在特定條件下的傾向反應，甚至根據歷史數據與文化背景建構對手決策模型，如美軍在對伊朗與北韓的兵棋模擬中已開始應用。

　　這類模擬不只是訓練工具，更是戰爭規劃的「預防式手段」，避免因錯誤直覺或經驗偏誤導致災難性判斷，展現克勞塞維茲所言「戰爭摩擦」的數位化管理。

四、風險與爭議：AI 是否會引發戰略誤判？

　　儘管 AI 強化了作戰效率，但其在戰爭決策中的應用也伴隨重大爭議與風險。首先是透明性問題：演算法如何計算、以何資料推論，對使用者往往為「黑盒子」，難以追蹤決策邏輯；一旦出錯，責任歸屬不明，將引發嚴重後果。

　　其次是倫理與法律責任問題。若 AI 系統誤判平民為敵方目標導致轟炸，責任歸誰？現行國際戰爭法尚無針對 AI 決策與自動武力使用進行明確規範，使戰場法律真空持續擴大。

　　再者，敵方誘導問題也逐漸浮現。若敵軍故意操控公開資訊、網路訊號或影像，誤導 AI 演算法進行錯誤判斷（如誤導誤炸），AI 反而成為「資訊戰的弱點」之一。美國「國防高等研究計劃署」（DARPA）即在 2022 年發布警告：未經驗證數據可能成為未來戰場 AI 最大風險來源。

　　最後，是「決策去人化」的風險。若 AI 過度參與戰爭節奏與任務排

第三節　演算法與戰場控制：AI如何預測與指引戰術

序，指揮官可能習慣仰賴系統，喪失全局判斷與道德干涉能力，戰爭恐變為一場人類難以收手的自動行為。

五、未來戰場的演算法競賽：主導節奏者勝

隨著各國軍隊積極發展 AI 軍事應用，未來戰爭將不只是「飛彈與炮火」的較量，更是「演算法與數據」的競速。誰能建立最強大的戰場資料鏈、訓練最準確的預測模型、部署最快的 AI 決策系統，誰就能搶占節奏與制高點。

目前，美國主導的 JADC2、日本的多領域防衛力」（Multi-Domain Defense Force）、中國的智能化作戰系統與以色列的「鐵穹」系統，皆已進入實驗或初步實戰階段。這是一場尚未開火、卻已處處開打的技術戰爭。

從《戰爭論》的角度來看，AI 正重寫「軍事摩擦」與「戰場機運」的意義。它既可縮小不確定性，也可能放大誤判與迴響風險。而在《孫子兵法》中「先為不可勝，以待敵之可勝」之義，如今更展現在對演算法預測與風險管理的掌控能力上。

未來戰爭未必由最強火力者獲勝，而是由最先理解「資訊—演算法—行動」連結邏輯者主導。演算法，將是下世代指揮官的軍火庫與地圖。

■第二章　數位戰場：資訊、演算法與心理戰的崛起

第四節
社群媒體作戰：
從阿拉伯之春到今日的輿論戰

如果說上一代戰爭由空軍主導，那麼未來戰爭將由演算法與 Hashtag 決定勝負。

一、阿拉伯之春：數位動員的戰爭先聲

2010 年底，突尼西亞果菜攤販穆罕默德‧布瓦吉吉因不堪警察羞辱自焚，其事件被拍攝、上傳至 YouTube 與 Facebook，引發全國抗爭，並迅速蔓延至埃及、利比亞、敘利亞等國，掀起所謂「阿拉伯之春」浪潮。社群媒體首次在全球矚目的政治浪潮中扮演關鍵角色，被譽為「Twitter 革命」。

以埃及為例，2011 年開羅解放廣場集會的動員主力並非政黨，而是以 Facebook 群組、Twitter 即時串流與部落格為核心的數位公民。他們透過網路傳播抗爭時間地點、即時現場影像與警察暴力證據，成功凝聚群眾並引發國際關注，最終迫使穆巴拉克政權下臺。

這場革命證明了「敘事主導權」即戰略優勢：當政府失去資訊管道壟斷，群眾即能重建政治空間。正如《孫子兵法》所言：「先為不可勝，以待敵之可勝」，先掌控輿論與敘事，即可在心理與國際層面取得先機。

但革命結果卻顯示，社群媒體雖能破壞威權政體，卻不具備建構穩定

制度的能力。敘利亞與利比亞內戰、埃及軍方再政變，皆突顯資訊戰的雙面性：能促成改變，也可能導致無序與持續動亂。

二、社群平臺的戰爭化轉變：從工具到武器

阿拉伯之春之後，各國政軍單位意識到社群媒體不只是傳播工具，更是一種可編程、可操控、可武器化的戰場空間。尤其是非對稱戰爭中，資訊優勢可成為軍事實力的替代或延伸。

2014年俄羅斯在克里米亞行動中即展現了「資訊先行」的操作邏輯。當年2月，俄方未出兵前，社群媒體上便出現大量關於「克里米亞人民渴望回歸俄羅斯」的貼文、影片與虛假民調，塑造俄軍進入乃是「保護俄語居民」的回應行動。

英國國會報告指出，俄國政府運用數百個假帳號、農場帳戶與特洛伊木馬媒體「Trojan media」散播資訊，並同步關閉烏克蘭電視與電訊訊號，形成資訊真空後由俄方敘事主導局勢。此戰術即所謂「資訊先於火力」，成為後來混合戰爭（Hybrid Warfare）的核心技術之一。

類似策略也被伊斯蘭國（ISIS）使用。其於2014至2017年間建立全球最成功的恐怖主義數位平臺之一，透過Twitter、Telegram與YouTube發布斬首影片、戰地快報與聖戰敘事，成功吸引歐洲與北非數千名年輕人加入。

這些例子說明，社群平臺已從輿論市場轉為國家戰略資產與對抗前線，其技術中立性不再，成為資訊安全與國家安全的交集焦點。

第二章　數位戰場：資訊、演算法與心理戰的崛起

三、演算法的戰略角色：誰決定你看見什麼？

現代社群媒體平臺（如 Facebook、YouTube、TikTok、X／Twitter）以演算法為核心邏輯，決定用戶接收何種資訊。這使平臺從被動載具變為「敘事分發者」，甚至成為國家間認知戰的代理人。

例如：美國智庫蘭德公司指出，在烏俄戰爭初期，TikTok 與 Telegram 成為雙方主要輿論場。烏克蘭總統澤倫斯基團隊發布大量戰場紀實、士兵訪談與庶民英勇畫面，塑造「守護國土的民主國家」形象；俄羅斯則透過匿名帳號散播「納粹主義」、「烏克蘭攻擊平民」等訊息，形成雙重敘事戰。

關鍵在於：誰掌控平臺的演算法，誰就能主導戰爭的輿論節奏與心理方向。這已超越傳統宣傳或假新聞的範疇，進入「敘事工程」（narrative engineering）的層次。當社群媒體演算法強化情緒、放大極端觀點、消除多元聲音時，戰爭不再是戰士對戰士，而是敘事對敘事、情感對情感。

四、社群媒體與心理戰：資訊即武器

從心理戰角度觀察，社群媒體已成為對抗士氣、製造恐懼與操控情感的核心工具。例如 2023 年以哈衝突爆發後，哈瑪斯立即在 Telegram 發布戰俘影片、轟炸畫面與「戰果證明」，意圖激化以色列民眾恐懼與國際同情；以色列則反向推播哈瑪斯攻擊平民、醫院、學校等證據片段，試圖鞏固國際正當性。

這類資訊戰術有三大特徵：

第四節　社群媒體作戰：從阿拉伯之春到今日的輿論戰

- 視覺化強化：短影音、現場直拍成為訊息快速傳播的核心。
- 匿名與可信度交織：透過第三方帳號與「人民自述」形式，增加可信度。
- 時間差操控：操作訊息推出時間節奏，使敵方來不及反應，輿論戰場即已翻盤。

社群平臺的即時性與「病毒式傳播」特質，讓傳統心理戰戰術升級為「全民資訊共構戰」。戰爭中每個人都可能是前線參與者，無論是上傳影片、按下分享、發一則評論，皆可影響輿論場與戰爭走向。

五、治理、審查與自由：社群媒體戰爭的灰色地帶

社群媒體作戰的快速發展，也對民主制度與言論自由構成挑戰。當政府、軍方、企業與社群平臺交織在同一資訊戰場，三大難題浮現：

- 言論自由與國安防線的界線模糊：例如烏俄戰爭期間，歐盟全面禁播俄羅斯國營媒體 RT 與 Sputnik，引發言論封鎖爭議。
- 平臺治理責任未明：社群平臺是否應主動封鎖錯假資訊？封鎖標準誰來定？會否被國家機器濫用？
- 演算法黑箱問題：演算法決定訊息分發，卻缺乏透明與外部監督，可能淪為控制民意工具。

國際上已有多方呼籲建立「戰爭時期的資訊行為準則」，例如限制平臺在戰時推播戰鬥影像、強制標示國家資助帳號、建立跨國審查與即時回

■第二章　數位戰場：資訊、演算法與心理戰的崛起

應機制。但至今仍缺乏全球共識與強制架構。

　　總結而言，社群媒體作戰代表著戰爭樣態的一次根本性轉型：從軍事場到資訊場、從指揮鏈到訊息鏈、從戰士對戰士到敘事對敘事。未來的戰爭，將不僅發生在前線，也發生在你的螢幕、你的演算法與你的分享按鈕之下。

第五節 數位摩擦：從 OODA 循環到系統性資訊遮斷

看不見敵人，就無法做決定；做出錯誤決定，就無法掌控戰爭。

一、OODA 循環與決策優勢的基礎

OODA 循環（Observe-Orient-Decide-Act）由美國空軍上校約翰・博伊德（John Boyd）於 20 世紀提出，是戰術與戰略決策速度的理論基礎。其核心在於：在戰場環境中，若一方能比對手更快完成觀察、定位、決策與行動四個循環，即可擾亂對方節奏、創造不對稱優勢。

在冷戰時代，此理論多應用於空戰，隨著資訊化與數位通訊的普及，OODA 循環成為指揮鏈優化與數據作戰的核心模型。但在 21 世紀的資訊戰爭中，越來越多國家開始反其道而行之——不是強化 OODA，而是故意讓對手的 OODA 無法啟動或持續失效。

這種策略，便是本節討論的關鍵：數位摩擦（Digital Friction）。

■第二章　數位戰場：資訊、演算法與心理戰的崛起

二、數位摩擦的現代定義：資訊空間中的戰場泥濘

傳統戰爭中，「摩擦」意指現實中與計畫落差的阻礙因素，例如天候、地形、通訊失靈等。而在數位時代，「摩擦」轉化為資訊傳輸與解讀過程中的延遲、遮斷、擾亂、誤導。

舉例來說：

- 在烏俄戰爭初期，俄羅斯部隊嘗試癱瘓烏克蘭的通訊網與空照圖資源，透過 GPS 干擾與網路癱瘓攻擊使烏軍無法即時調度防衛。
- 以色列則在加薩衝突期間，透過地面干擾器阻斷哈瑪斯地下通訊網，切斷其火箭指令鏈，讓敵軍陷入感知空窗。
- 中國在 2022 年環臺軍演期間，於特定時間段癱瘓 AIS 船舶辨識與部分手機訊號，演練如何在開戰初期封鎖臺灣周邊海空資訊流。

這些操作並非為了完全控制戰場，而是讓對手決策節奏錯位、訊息來源混亂、無法進行完整 OODA 循環，進而失去主動權。

三、感知遮斷與虛假資訊：認知層級的癱瘓作戰

數位摩擦的高階形式，是透過資訊過量、虛假訊息或演算法操控，讓對手「看錯」、「看慢」或「看不到」戰場真實狀況，此即所謂「戰場感知」。

2022 年 2 月俄軍開進烏克蘭前，烏克蘭境內社群媒體平臺上出現數千則假新聞與深偽影片（Deepfake），宣稱澤倫斯基已逃亡、基輔陷落、軍方投降，意圖製造恐慌與內部崩潰。雖然官方澄清迅速，但這些訊息仍在短

第五節　數位摩擦：從 OODA 循環到系統性資訊遮斷

時間內擾亂烏國內部的政治與社會反應。

2020 年納卡衝突中，亞美尼亞與亞塞拜然雙方也曾運用假影像與剪輯報導攻擊對方士氣，例如將舊畫面重新剪輯成新戰果，或發送誤導性訊息給敵方社群使用者帳號。

這些操作皆建立在一項關鍵戰略基礎上：你不需要攻擊敵方指揮中心，只要攻擊其資訊信賴機制，就能癱瘓其戰爭決策能力。

四、系統性資訊遮斷：數位時代的電子圍城

與單點干擾不同，「系統性遮斷」強調在多維資訊系統中建立有意義的封閉或延遲空間。這種做法不只是攻擊敵軍通訊，而是阻斷其整體資訊鏈，讓其無法「串起完整局勢」。

例如：

- 透過電子戰機（如美軍 EC-130H）全面干擾某區域雷達、網路與無線電，使敵軍指揮官無法調閱戰場即時數據；
- 對軍用衛星進行電磁遮蔽，讓高層決策單位失去全域視角；
- 操控社群平臺演算法，使敵方輿論回應失真，領導階層誤判社會情勢。

這些策略不只運用於戰時，也逐漸成為演習常態。例如中國 2023 年聯合軍演中，就針對臺灣空防系統演練了「多點遮斷＋數位欺敵」模式，將干擾行為與假訊息同步部署，以模擬系統性瓦解。

■第二章　數位戰場：資訊、演算法與心理戰的崛起

如同美國軍事學者說：「未來戰爭將不在於擊斃對手，而在於讓對手對現實感到迷失。」

五、從數位摩擦到戰略防禦：因應的不對稱戰術

面對數位摩擦型戰爭的興起，許多國家開始從三個層面建立應對體系：

- 強化感知備援：建立多層次、跨平臺資訊鏈，例如透過低軌衛星補足通訊，或設置備用網路節點，確保關鍵時刻仍可運作；
- 建構資訊透明機制：讓各級指揮官可交叉驗證資訊，避免單一訊息源被誤導；
- 發展認知抗性教育：提升軍民辨識假資訊、應對心理戰的能力，減少輿論環境被敵方操控風險。

臺灣在 2022 年起推動「韌性社會計畫」，將假訊息辨識、災難通訊訓練與全民國防整合，正是一種回應數位摩擦的未來式防衛概念。以色列亦在「鐵劍行動」中，證明跨機構即時資訊聯防能夠降低初始混亂期的誤判風險。

總結來說，OODA 循環已從空戰技術進化為資訊時代的戰略基礎。數位摩擦不只是阻擾，更是新時代「去中心化戰爭」的核心武器。而一個國家的國安體系與社會耐受度，將決定它能否在摩擦中保持節奏、看清方向、作出決策。

第六節　網路戰規範與法律真空

在網路空間裡，我們知道誰發動了攻擊，但無法公開承認，也無法合法回應。

一、戰爭還是犯罪？網路行動的法律模糊地帶

網路戰爭的出現打破了傳統戰爭與和平的界線。當國家級駭客攻擊他國政府網站、癱瘓銀行系統或干擾選舉資訊時，這些行為是否構成「武裝攻擊」？是否可依《聯合國憲章》第 51 條主張自衛？現行國際法對此並無一致解釋。

例如：2007 年愛沙尼亞因拆除蘇聯雕像而遭疑似俄羅斯支持的駭客發動大規模 DDoS 攻擊，政府網站、銀行與媒體平臺陷入癱瘓近兩週。雖然損害嚴重，卻因無人死亡或實體毀損，北約並未將其列為正式的軍事侵略。

相似地，2010 年「震網」(Stuxnet) 病毒入侵伊朗納坦茲核設施，癱瘓上千臺離心機，雖具軍事效果，但因未有公開主動方，亦未引發報復，成為網路戰「無聲侵略」的代表案例。

這些案例顯示，國際法在面對網路戰時仍停留在「冷戰思維」，無法涵蓋資訊時代下無形、間接、跨國的攻擊方式。

■ 第二章　數位戰場：資訊、演算法與心理戰的崛起

二、《塔林手冊》與規範草創的努力

面對法律真空，北約於 2013 年主導成立「合作資安卓越中心」（CCD-COE），並邀請多國學者與軍事法專家撰寫《塔林手冊》（*Tallinn Manual*），試圖以國際人道法與武裝衝突法的邏輯，建立網路戰法律框架。

《塔林手冊》雖非正式條約，但其影響深遠。其核心主張包括：

- 網路行動若達到與傳統武力同等程度的破壞力，應視為「使用武力」；
- 攻擊者若為國家支持的駭客組織，亦應列為國家行為承擔責任；
- 網路報復應符合「比例原則」與「區別原則」—— 不可任意波及平民目標。

然而，《塔林手冊》也遭到不少批評。其最大問題在於「可歸責性難確定」—— 在匿名網路中，要如何證明某國支持某駭客組織？證據鏈難建立，易遭否認。

此外，手冊對於「事前預防」、「系統滲透」、「演算法操控選舉」等新型態行動缺乏細緻定義，反映傳統法律工具在新戰場上的適應性危機。

三、無規可依的網路衝突：俄烏戰爭的警示

2022 年俄羅斯入侵烏克蘭前後，網路戰同步展開。俄羅斯駭客組織 Sandworm、Killnet 與 APT28 針對烏克蘭政府機關、基礎設施與輿論媒體發動大規模網攻，攻擊類型涵蓋 DDoS、網站竄改、資料外洩與假訊息植入。

第六節　網路戰規範與法律真空

同時，烏克蘭與全球駭客志願軍（如「匿名者」）組成數位義勇軍，發動反制攻擊，甚至癱瘓俄方金融與官網系統。美國網安公司與 AWS、Google 等科技巨頭也加入支援行列，構成史上最大「全球數位參戰行動」。

此戰突顯數個關鍵法律問題：

- 私人企業介入武裝衝突是否合法？
- 非國家行為者是否構成交戰方？
- 攻擊基礎設施（如電網、醫院系統）是否等同戰爭罪？

目前並無國際法院對上述問題作出正式裁決，也無具約束力規範。這種「法律不在場」的狀況，使網路戰處於一種技術領先法律、行動領先規範的高度危險狀態。

四、全球規範共識的瓶頸：主權與審查的衝突

若要建立網路戰規範，須先取得各國共識，但目前國際政治環境對此極不友善。主要爭議在於：

- 資訊主權觀念歧異：西方主張網路自由、跨境開放；中國、俄羅斯等則主張資訊主權，要求國家有權限制境內網路內容與資安行為。
- 規則制定權之爭：目前主流規範機構如 ICANN、W3C 多為美國主導，導致中俄等國質疑其偏頗與不具公信力。
- 審查與言論自由之矛盾：若制定規範過度強調管控，恐遭批為變相箝制言論；若規範鬆散，則難以約束惡意行為。

■第二章　數位戰場：資訊、演算法與心理戰的崛起

2021 年聯合國設立「巴塞爾公約之開放式工作組會議」(OEWG)嘗試研擬網路行動行為準則，但進展緩慢，多次因政治對立破局。

這表明，網路戰規範不只是技術與法律問題，更是權力秩序重塑的博弈場所。

五、未來戰爭的合法性與問責挑戰

面對網路戰的快速發展與規範滯後，未來可能出現三種趨勢：

- 事實成法：某些強權將持續以技術優勢主導行動，逐步建立「既成事實」並尋求事後合法化，如同震網行動與俄國對愛沙尼亞的攻擊。
- 私營化作戰：科技公司成為戰爭主體之一，卻不受《日內瓦公約》等交戰法拘束。
- 法律與技術共同演進：未來規範將與演算法、AI 共同設計，建立可審查、可回溯、可責任歸屬的軍用數位架構。

為應對這些挑戰，國際社會須正視網路戰規範的急迫性。我們正站在戰爭與法律的分岔口上。選擇缺席，就是默許下一場無聲侵略的合法性。

第七節
心理戰與認知主權：未來的戰爭場域

未來的戰爭不在疆界與軍營，而是在每個人的腦中。

一、心理戰的轉型：從戰場輔助到戰爭主體

傳統戰爭中的心理戰，主要用以瓦解敵軍士氣、誤導指揮判斷或強化己方信念。例如二戰期間盟軍在德軍陣地空投傳單，韓戰時美軍以擴音器向北韓士兵放送家鄉訊息，這些皆屬「輔助性」心理戰術。

然而進入 21 世紀後，心理戰逐漸從「輔助」轉為「主體」。戰爭不再以占領土地為目標，而是透過控制心智達成政治目的 —— 不讓敵人想戰、不讓人民相信、不讓盟友挺身。

這種心理戰的新形態，不再單靠人力與聲音，而是經由社群媒體、演算法推播、心理行銷技術與深偽影片等手段，將心理戰轉化為「系統性認知操作」。

以 2016 年美國總統大選為例，「劍橋分析」事件揭示 AI 結合大數據能精準切割選民族群，投放客製化情緒訊息，影響政治選擇。這種技術若應用於戰爭中，其殺傷力不亞於傳統武器。

■第二章　數位戰場：資訊、演算法與心理戰的崛起

二、認知主權的興起：資訊時代的新安全防線

在全球資訊共享、演算法主導的環境下，一國民眾接收的訊息多半來自跨國平臺與境外內容，政府對「人民認知」的主權控制日益脆弱，進而產生新型戰略概念：「認知主權」（Cognitive Sovereignty）。

認知主權不只是言論自由或媒體控制問題，而是指一國能否保護國民在重大決策與集體情緒上的判斷自主性。當 AI 可調整演算法、社群可塑造情緒風向、外國政府能無聲滲透輿論場時，國家若無法掌控或防衛自身敘事，便失去戰略自主權。

以臺灣為例，2022 年總統選舉前，有數據揭示社群平臺上針對候選人之假訊息大量來自中國境內 IP。另如立陶宛與中國交惡後，出現大量針對該國官員與企業的心理壓迫式網路操作，皆為侵蝕其「認知主權」的戰略實踐。

這也說明，未來的主權競爭，不再只是海疆、領空或能源管道之爭，而是誰能掌控誰的思想入口與情緒出口。

三、技術與心理的結盟：人工智慧與情緒武器化

當人工智慧進入心理戰場，其最大危險不在殺傷力，而在於其「不可見性」。AI 能分析用戶情緒狀態、行為模式與社交圈，再反向投放資訊改變其觀點。例如 Facebook 曾於 2012 年進行「情緒傳染實驗」，對部分用戶新聞動態內容進行調整，結果證明可影響用戶情緒走向。

若這種技術由國家級行為者掌控，將形成一種精準心理干涉體系：敵方政府可針對特定地區、族群、職業或信仰群體推播情緒引爆訊息，進行

社會分裂、政策癱瘓或選舉影響。

2022 年俄烏戰爭期間，俄方嘗試散播「澤倫斯基投降」假影片與假語音合成命令，意圖癱瘓烏軍指揮；而烏方則建立戰損計時器、烈士紀念牆、愛國音樂創作等，形成集體情緒動員，均為 AI 時代心理戰應用的雙向實例。

此類操作已促使各國重新評估國防組織配置，例如以色列 8200 部隊、美國陸軍民事事務與心理作戰司令部（USACAPOC(A)），皆試圖在虛擬戰場中建立情緒與敘事的主動權。

四、媒體與個人：戰爭參與的新型態

心理戰之所以影響深遠，在於其全面性與參與性。今日的戰爭不再只在前線與政府之間，而是每位社群用戶都可能成為「心理戰參與者」。

個人上傳一則戰地影片、轉發一張空襲照片、發表一段憤怒言論，都可能影響整體敘事風向。這種「群眾參與式戰爭」（Participatory Warfare）已打破軍民界線，讓戰場無限擴展至每個人日常生活中。

這也導致「心理戰疲乏」（Psychological Fatigue）成為新國安課題。當人民長期處於真假訊息交錯、情緒高張與信任崩潰狀態，國家難以建立共識或推動重大政策，長期將演變為治理危機。

因此，建立心理韌性與媒體素養教育不再是文化議題，而是戰略防禦工程。如北歐國家將媒體識讀納入國防政策，芬蘭設有「心理防衛局」，即為此種新型態戰爭下的結構性回應。

■第二章　數位戰場：資訊、演算法與心理戰的崛起

五、未來戰爭的起點：心智控制與敘事主權之爭

隨著心理戰持續演化，其核心已不在傳遞訊息本身，而是操控「詮釋訊息的方式」。也就是說，未來戰爭的起點，不是誰先開火，而是誰先說出第一句話並讓大多數人相信。

這場「敘事主權」的競賽，將決定國家是否能在多元意見中維持基本共識，在資訊混亂中堅持事實判準，在感情操作中保存理性防線。

若國家失去敘事主權，將難以維護民主制度正當性、難以動員民間防衛意志、也無法對外建構可信的國際形象。

而心理戰與認知主權的糾纏，正是 21 世紀戰爭觀的終極轉變：戰爭不再為物理空間而打，而是為心靈空間與詮釋權而戰。

第三章
區域熱點與代理衝突：當代武裝衝突的樣貌

■第三章　區域熱點與代理衝突：當代武裝衝突的樣貌

第一節
塔利班的勝利：從游擊戰到談判桌

美國人擁有所有手錶，但我們有的是時間。

一、從政權潰敗到地下重生：塔利班的游擊轉型

2001年，美國因九一一事件對阿富汗發動「持久自由行動」，推翻塔利班政權，短短幾週內便占領首都喀布爾，塔利班主力部隊四散潰逃。然而，這場看似迅速結束的戰爭，實則只是長達二十年游擊戰爭的開端。

塔利班並未像傳統正規軍隊般全數投降，而是迅速轉入鄉村、山區與邊境部族地區，採取傳統「敵進我退、敵駐我擾」的非對稱戰術，重建情報網、武裝與補給線。由於阿富汗地形崎嶇、中央政府統治力薄弱，塔利班得以逐步重建據點，並利用宗教與民族認同重新凝聚支持。

這正是游擊戰最核心的精神：用空間換時間，用時間換勝利。如同中國毛澤東所言，游擊戰的勝利不在於一場決定性戰役，而在於不斷消耗對手的意志與資源。塔利班運用這一策略，在戰場上「不被擊敗」，在政治上「不被消滅」，為其最終勝利埋下伏筆。

二、非對稱作戰的致命效率：
地方化、去中心化與資源轉化

塔利班能夠對抗美軍與北約的聯軍力量，關鍵之一在於其去中心化的組織架構與地方化的戰術運作。不同於正規軍隊需要高度協調，塔利班的部隊採取細胞式分布，各地方指揮官擁有極大自主權，能根據地形、人脈與敵情調整攻擊策略。

例如在赫爾曼德省與坎達哈省，塔利班結合種族網絡與鴉片貿易收入，與當地民眾建立「互賴式治理」：提供宗教司法、保護農作與基礎社會秩序，對比於貪腐、低效的喀布爾政府，反而獲得更多地方支持。

此外，塔利班將有限資源進行最大化轉化。美軍動輒部署價值上億的無人機與反伏擊車輛，但塔利班透過廉價的簡易爆炸裝置與地雷進行「高成本殺傷」，使美軍陷入防守與消耗困境。

這些策略展現現代非對稱戰爭的精髓：以低科技打敗高科技、以社會網絡對抗軍事體制、以時間與耐力戰勝技術優勢。

三、輿論戰與心理戰：塔利班如何操控戰場敘事

塔利班不僅在地面作戰，在敘事與心理層面亦構築出高度策略性的作為。他們從過去的宗教原教旨派逐漸轉化為「輿論適應型組織」，有效運用社群媒體、匿名影片與口耳相傳方式建立「不可戰勝」的形象。

每當塔利班成功攻占一個據點，便會快速發布影片、圖片與聲明，在 Telegram 與 WhatsApp 等平臺上散播勝利訊息，動搖政府軍士氣並強化自

■第三章　區域熱點與代理衝突：當代武裝衝突的樣貌

身動員力。此外，塔利班刻意釋放被俘士兵、允許某些地區女性就學，打造「改變形象」的外交敘事，以回應國際社會對其政權正當性的關注。

這種敘事操控策略並非臨時起意，而是長期規劃的心理戰手段。塔利班深知，若不能擊敗美軍與政府軍的火力，就從其士氣與民心下手。而當喀布爾軍方與政治高層接連陷入貪腐醜聞與逃亡風波，塔利班的對比效應便被進一步放大。

四、談判桌上的勝利：從叛亂組織到合法談判對手

塔利班之所以最終能重奪阿富汗，除了軍事戰與輿論戰，最關鍵的戰略勝利發生在談判桌上。2018 年起，美國川普政府啟動與塔利班的和平談判，最終於 2020 年拜登簽署「美國－塔利班和平協議（US-Taliban deal）」，規定美軍在特定時間內撤出阿富汗，而塔利班則保證不攻擊外國目標。

這場談判的本質，不只是和平協議，更是對塔利班合法性的承認。在協議中，喀布爾政府完全被排除在外，美國直接與塔利班進行雙邊對話，象徵塔利班已從「反政府武裝」轉化為「政權競爭者」。

這場協議反映了非對稱戰爭中的重要一課：軍事勝利並不總靠擊潰敵人，也可以靠迫使敵人認可你為對等對手。當美國與北約承諾撤軍，喀布爾政權失去外部支持，塔利班即得以不戰而勝。

2021 年 8 月，塔利班在幾乎未遇實質抵抗情況下進入喀布爾，宣告「阿富汗伊斯蘭大公國」重建。這場從山區游擊轉戰首都政治的歷程，是當代非對稱戰爭的經典範例。

五、非對稱勝利的代價與延續：國家重建的挑戰

塔利班雖然成功奪回政權，但其治理能力與國際合法性仍面臨嚴峻挑戰。其內部派系複雜、宗教保守派與現實務派對未來路線分歧明顯；女性教育與人權議題仍未獲改善，造成外援遲滯與經濟崩潰。

此外，伊斯蘭國在東部活動頻繁，成為塔利班內部安全威脅；美國則保留遠距打擊能力與金融制裁工具，形成間接制衡。

這提醒我們，非對稱戰爭的勝利不代表戰爭的結束，而是另一種治理與穩定化戰爭的開始。塔利班在軍事上成功逆轉強權，但其是否能建立持續治理結構，仍需時間觀察。

如同《戰爭論》所言：「戰爭是一種延續政治的暴力形式。」塔利班的戰爭確實取得政治成果，但若無法讓戰爭轉化為治理的正當性與有效性，那麼戰爭仍未真正結束。

第三章　區域熱點與代理衝突：當代武裝衝突的樣貌

第二節
哈瑪斯與以色列：城市地形下的主權爭奪

在城市戰中，牆壁是陷阱，巷弄是武器，人民是盾牌。

一、戰場即家園：從地理戰術到政治象徵

　　加薩走廊僅 365 平方公里，卻成為全球最密集的戰爭地帶之一。自 2007 年哈瑪斯掌權以來，加薩成為其事實統治區域，與以色列之間展開長期對峙。雙方的衝突不只是邊界之爭，更是關於主權認同、宗教敘事與歷史正當性的衝突。

　　哈瑪斯無法與以色列正面對決，於是轉向「城市即戰場」的策略：利用加薩高密度人口、狹窄巷弄與地下通道，將整座城市轉化為防禦要塞。這種地形優勢有效削弱以色列空軍與戰車部隊的火力優勢，使戰爭進入巷戰與心戰雙層博弈。

　　以色列在進行地面攻勢時，面對的不僅是哈瑪斯的戰士，還有學校、醫院、清真寺與民宅中潛伏的戰力。此種複合空間作戰極大限制 IDF 的行動選擇，甚至成為國際輿論上的道德陷阱。

　　此策略展現了現代非對稱戰爭中，空間與敘事的整合運用。哈瑪斯清楚了解：加薩每一條街道，不只是軍事空間，也是宣傳空間與政治空間。

二、隧道系統與混合作戰：地下的主動權

在地表不敵制空權與情報網路，哈瑪斯選擇向下發展。其「加薩地下城」—— 大量秘密隧道網絡 —— 成為最具代表性的作戰系統。這些隧道長可達數公里，橫跨邊界，連接戰鬥區、儲存點與平民庇護所，具備高度行動與藏匿能力。

以色列國防軍稱其為「地底哈瑪斯」，認為這些隧道是哈瑪斯在空中與地面皆失去主導權後的「第三空間」。它們不僅用來運送武器與人員，更成為心理戰的象徵 —— 以色列無法掌控的戰場縫隙。

哈瑪斯的軍事策略結合常規與非常規元素，形成所謂「混合作戰模式」：使用火箭彈攻擊平民區，同時進行地道滲透突擊；利用平民建築發射火箭，並向外界聲稱遭受不成比例報復。

這種策略模糊了交戰法則的界線，也讓以色列面臨兩難：若反擊過猛，將失去國際道德支持；若反應過慢，則平民與軍人皆受攻擊威脅。

三、敘事戰與合法性競逐：武裝行動的語言包裝

哈瑪斯的每一次攻擊與反擊，不僅是軍事行動，更是一次「敘事投資」。其每次發表聲明、拍攝影片、在社群平臺傳播加薩兒童哭泣與建築毀壞畫面，都是在爭取全球穆斯林、第三世界與部分西方左翼的輿論支持。

這種「敘事戰略」的對象不限於以色列，更是全球輿論場。哈瑪斯深知，在地緣政治與資源分配極度不對等的前提下，若能取得道德高地與話

第三章　區域熱點與代理衝突：當代武裝衝突的樣貌

語主導權，即可抵消軍事劣勢。

相對地，以色列則強調「防衛權」、「去極端化」與「精準打擊」，強調其目標非平民，而是哈瑪斯的武裝設施。然而每次空襲造成的平民傷亡與人道危機，仍被對手成功包裝為「以暴制暴」。

雙方皆在進行敘事設計競賽，而不再只是火力對火力的競爭。這也印證現代戰爭的敘事邏輯轉向：「誰能掌控情緒波段，誰就能主導戰爭節奏。」

四、城市戰的道德陷阱：交戰規則的灰色地帶

城市戰的複雜性不僅在於戰術，還在於法律與倫理。當一方使用學校、醫院為據點時，另一方是否仍可視為合法攻擊目標？這成為聯合國與國際法界極大爭議點。

以色列雖聲稱其每次攻擊前皆以傳單、簡訊或定向爆破進行「警告式攻擊」，但實際上，戰區中無法精準分辨的目標仍常造成大量平民傷亡。

哈瑪斯利用這一點，不斷迫使以色列進入道德與戰略的兩難。其策略並非單純擊潰以軍，而是讓以軍在戰場上「失去選擇空間」，在輿論場「失去支持正當性」。

這是城市戰下的「反制困局」：對手用城市做盾，迫使你暴力回應，再以你回應作為宣傳材料。這種戰爭不求勝利，只求讓敵人無法獲勝。

五、主權爭奪的未來式：治理與存續的鬥爭

哈瑪斯與以色列的衝突，不僅是地緣與軍事的對抗，更是兩種主權邏輯的長期競爭：一方是主張民主國家防衛權的現代主權；一方是以宗教合法性與抵抗正當性爭取民族解放的非國家主體。

哈瑪斯明知無法滅掉以色列，亦無意建立現代國家體系，而是追求一種「流動主權」：在衝突中不斷生存、訴諸國際、鞏固組織。在這種模式下，戰爭的本質不是推翻對方，而是延續自己。

這與塔利班的模式類似，亦與黎巴嫩真主黨的生存戰略相近 —— 非國家武裝以「不被打垮」為目標，以「戰爭存在感」換取國際舞臺話語權。

而對以色列而言，其國防體系與社會結構需長期承受這種常態化衝突壓力，也開始強化其對心理戰、資訊戰與法律戰的整體應對。

在這場無終點的城市主權戰爭中，勝利的定義早已不再是全面占領或徹底擊垮，而是 —— 誰能在灰色地帶，維持較久的秩序與較少的崩潰。

第三節
敘利亞內戰：代理人交錯的失控修羅場

這場戰爭的問題不是誰對誰錯，而是每個參與者都自認正義，而他們的代理人皆在互殺。

一、起於街頭的抗議：從民主訴求到全面內戰

2011年，敘利亞的德拉（Daraa）爆發反政府抗議，源自一群青少年塗鴉遭政府逮捕與酷刑，引爆民眾對總統巴夏爾・阿塞德長年威權統治的不滿。起初和平請願很快遭到血腥鎮壓，反而促使抗爭擴大，最終演變為全國性武裝衝突。

敘利亞的多元宗派與族群結構使其成為內戰火藥桶：阿拉維派掌權、遜尼派多數反抗、庫德族要求自治，人人皆有不滿卻缺乏統一目標。原本的民主訴求迅速碎裂為多元勢力競爭，地方武裝、恐怖組織、國際代理軍相繼登場，內戰局勢進入失控狀態。

這場戰爭證明了一件事：當社會分裂到無法用制度吸納異議時，武裝鬥爭將不再是政治延伸，而成為碎裂秩序的替代品。

第三節　敘利亞內戰：代理人交錯的失控修羅場

二、代理人戰爭的典型：誰在敘利亞戰場上對打？

敘利亞戰爭被稱為「世界的代理人對決場」，其背後勢力錯綜複雜，至少涉及以下幾組主要參與者：

- 政府方：由巴夏爾政權為首，背後獲得俄羅斯（軍援與空中支援）、伊朗（革命衛隊與黎巴嫩真主黨）與中國（外交支援）支持；
- 反抗軍方：由自由敘利亞軍（FSA）為首，初期獲得美國、土耳其與波斯灣國家援助，但後期分裂嚴重，部分勢力激進化；
- 伊斯蘭國（ISIS）：利用真空地帶建立「哈里發國」，為多方共同敵人；
- 庫德族（YPG/SDF）：美國支持的地方武裝力量，在北敘利亞建立事實自治區域；
- 土耳其：既反對阿塞德，也反對庫德族，實際部署軍隊於邊境展開「安全帶行動」；
- 以色列：定期空襲伊朗武裝與軍事設施，間接參與。

這場戰爭非典型地呈現「多國交錯代理、利益彼此矛盾」的複合衝突格局。每個參與者都聲稱對敘利亞未來有願景，但在實際行動中多為地緣與自身戰略服務，導致敘利亞成為一個外力主導卻無主控權的戰場。

三、非對稱衝突的惡性循環：平民即戰場，援助即武器

敘利亞內戰最悲慘之處不在於戰爭規模，而在於「戰場無邊界、平民無避所」。城市巷戰、化武攻擊、空襲平民區與人道災難早已成為常態。

第三章　區域熱點與代理衝突：當代武裝衝突的樣貌

根據敘利亞人權觀察中心統計，至 2023 年，死亡人數已超過 50 萬，難民總數超過 1,300 萬，約占總人口的一半。

巴夏爾政府曾數次被指控動用沙林毒氣對平民區進行化學攻擊，導致孩童死亡影片震驚全球；俄羅斯空軍轟炸醫院與市場被視為戰略性恐嚇；反抗軍則使用自殺炸彈、綁架記者與恐怖攻擊製造對政權的不穩。

此外，人道援助與救濟資源亦遭武器化。政府方封鎖反抗地區糧食與藥品供應；反抗軍則竊占救援物資轉售維持作戰；ISIS 與部分反抗組織甚至用糧食控制村落民眾。

這場戰爭讓我們看見現代非對稱戰爭中的極端形式：非正規武裝爭奪區域治理權，民間資源成為軍事籌碼，國際輿論與救援也被捲入利益操作。

四、資訊戰與認知錯位：敘事場域的全面失控

敘利亞內戰不只打在戰場上，也打在新聞與社群平臺上。各方勢力皆建立宣傳媒體與網路帳號，大量散播影片、照片與指控，以爭奪輿論與國際正當性。

例如：親政府媒體 Al-Mayadeen 與敘利亞國家通訊社 SANA 不斷強調「打擊恐怖分子」、「重建秩序」；而反政府方則發布孩童受害畫面與空襲現場證據，尋求西方干涉；ISIS 更藉由影片展現殘酷與秩序兼具的形象，招募全球極端分子。

由於資訊碎片化、來源混亂與深偽技術蔓延，敘利亞內戰在國際媒體

第三節　敘利亞內戰：代理人交錯的失控修羅場

上陷入敘事迷霧。觀眾難以判斷誰是施暴者、誰是真相、誰在演戲、誰在殺人。

這也導致國際社會遲遲無法形塑共識，導致干涉猶疑、行動分裂。敘利亞成為一個「事實無力」的戰爭現場，戰爭持續，但敘事已失控。

五、敘利亞內戰的未來啟示：國家解體與安全重構的矛盾

截至 2025 年，敘利亞內戰尚未完全結束。雖然前總統巴夏爾・阿塞德（Bashar al-Assad）於 2024 年 12 月被以沙姆解放組織（Hayat Tahrir al-Sham, HTS）為首的伊斯蘭主義反對派推翻，但國內局勢依然動盪，重建工作面臨重重挑戰。

這場戰爭提供三項關鍵啟示：

- 國家解體的真空，往往為代理人戰爭提供溫床，外部勢力越多，結束機會越少；
- 治理真空比軍事真空更危險，若無具正當性與功能性的地方治理力量，重建即無從開始；
- 國際秩序的碎裂，將使任何戰爭的停火都成為暫時而非結束。

如同克勞塞維茲所言：「若戰爭不由政治控制，將淪為暴力的自行繁殖。」敘利亞的失控，正是當代戰爭失去政治主體與道德核心後的寫照。

■第三章　區域熱點與代理衝突：當代武裝衝突的樣貌

第四節
葉門衝突：伊朗與沙烏地的投射戰

這場戰爭的導火線在葉門，火藥卻堆在德黑蘭與利雅德。

一、葉門的歷史斷層：從政權爭奪到地緣博弈

葉門位於阿拉伯半島最南端，自古即為戰略要地，鄰近紅海與亞丁灣，是石油輸出海運航道的咽喉樞紐。1990 年南北葉門合併後，政局持續動盪。宗派矛盾、部族分裂與資源不均加深社會斷層，使政府長年無法有效治理。

2011 年阿拉伯之春擴及葉門，總統阿里・阿卜杜拉・沙雷在群眾壓力下下臺，由副總統哈迪接任，但政權更迭未能帶來穩定。2014 年，什葉派宰德教派的胡塞武裝（Ansar Allah）趁勢崛起，迅速占領首都沙那（Sanaa），並向南推進，逼使哈迪政府流亡沙烏地阿拉伯。

起初的內戰隨即轉化為地區衝突。伊朗被廣泛認為支援胡塞武裝提供軍備與訓練，沙烏地則領導由 10 國組成的聯軍發動空襲與封鎖，以支持哈迪政權。此戰火燃遍全國，也讓葉門成為當今中東最典型的代理人戰爭戰場。

二、非對稱戰爭的展演：胡塞的彈性戰術

儘管沙烏地與聯軍擁有壓倒性火力優勢，胡塞武裝仍能堅守陣地甚至反擊，展現出非對稱戰爭的高彈性與韌性。胡塞運用山區地形與地方部族網絡建立「地方自主防禦體系」，同時善用簡易飛彈與無人機進行精準打擊。

2020 年起，胡塞多次使用伊朗提供或技術仿製的巡弋飛彈與自殺式無人機攻擊沙烏地首都利雅德與阿美石油設施。這類攻擊不僅在軍事上產生實質破壞，更具備「心理威懾」與「敘事操控」效應。

胡塞將有限資源轉化為高能回擊力，其戰術核心並非「奪地」，而是讓敵方無法控制戰爭節奏與主導敘事。即便不求取勝，亦能拖住對手並創造外交與心理空間。

這一模式與塔利班在阿富汗的策略頗為類似——「活著、存在、能打回去」就是勝利的形式之一。

三、空襲、封鎖與人道災難：沙烏地的戰略困局

沙烏地領軍的阿拉伯聯軍自 2015 年開始對葉門展開空中與海上封鎖，希望透過外科式空襲切斷胡塞補給線，扶植哈迪政權重回葉門。然而多年來效果有限，反而造成大量平民死傷與基礎建設毀壞。

根據聯合國資料，自衝突爆發以來，已有超過 37 萬人直接或間接死於戰爭相關因素，超過 80% 人口需依賴國際人道援助。醫療系統崩潰、霍亂爆發、糧食短缺與教育中斷，使葉門被聯合國形容為「世界最嚴重人道災難」。

■第三章　區域熱點與代理衝突：當代武裝衝突的樣貌

　　沙烏地的軍事行動在戰略上無法擊垮胡塞，反而在國際輿論上失分。在媒體報導中，沙國從「穩定區域的領袖」變成「轟炸平民的侵略者」，外交壓力節節升高。

　　這也顯示出現代非對稱戰爭中的一個重要趨勢：傳統強權面對持久游擊與敘事操作時，反而成為受制於輿論的戰略弱者。

四、伊朗與沙烏地的代理戰：無聲的帝國對撞

　　葉門衝突的本質並非僅是國內權力之爭，而是伊朗與沙烏地兩大區域強權在中東擴張影響力的代理對撞。伊朗透過支持胡塞、黎巴嫩真主黨與伊拉克民兵，建立「什葉新月帶」；沙烏地則透過經濟援助與軍事聯盟，維繫「遜尼防線」。

　　在葉門，這場競逐進入「間接對抗」階段：雙方皆避免正式宣戰，但透過資源、顧問、技術與外交支援擴大各自影響，形成多層級、多節奏的混合型戰爭。

　　儘管 2023 年起沙烏地與伊朗在中國斡旋下簽署復交協議，但葉門戰場的衝突並未全面停止。地方指揮官的利益、民兵組織的自主性與戰爭經濟結構，使得停火難以真正落實。

　　這證明，代理戰爭一旦啟動，其終結權未必掌握在主要贊助國手中，而可能被地方戰爭組織綁架，演變為無限拖延的混亂狀態。

五、和平的代價與未來的不確定性

葉門衝突自 2015 年以來已持續逾八年，和平談判屢屢破裂，短暫停火後又再度開戰。雖然 2022 年起聯合國主導達成幾輪局部停火協議，但持久和平仍遙遙無期。

葉門目前呈現「分裂但穩定」的奇特結構：胡塞控制北部與首都，哈迪陣營控制南部，南部過渡委員會與地方民兵則擁有相對自治空間。這種「半國家」格局使得重建與統一無從談起，社會撕裂與族群對立仍持續擴大。

同時，也有越來越多分析指出，若未能成功和平整合，葉門恐將成為「下一個索馬利亞」──一個缺乏有效中央政權、長期處於戰爭與人道危機循環的失敗國家。

對國際社會而言，葉門戰爭是一面鏡子，映照出當代非對稱戰爭如何成為區域霸權操作的外溢工具，更提醒我們，沒有治理就沒有真正的停火，沒有敘事主體就無法建立持久和平。

■第三章　區域熱點與代理衝突：當代武裝衝突的樣貌

第五節
反恐與平民：無人機殺戮的界線爭議

當殺戮由演算法決定，戰爭倫理就不再由人類掌握。

一、反恐新武器：無人機的精準神話與政治吸引力

自 2001 年九一一事件以來，美國將無人機（Unmanned Aerial Vehicle, UAV）納入反恐作戰核心武器。無人機可於不進入戰場、不出動地面部隊的情況下，執行情報蒐集、監控與斬首任務。其代表機型如 MQ-1「掠食者」（Predator）、MQ-9「死神」（Reaper）等，已成為全球反恐作戰的代表性存在。

無人機的優勢在於低風險、高效率與高政治容忍度。與傳統派兵作戰相比，無人機攻擊不需國會宣戰、不需部署駐軍，也幾乎無需承擔己方人員傷亡，極具「政治吸引力」。美國前總統歐巴馬時期，無人機攻擊行動暴增，涵蓋巴基斯坦、葉門、索馬利亞與阿富汗等地。

此種遠距打擊被支持者形容為「精準殺戮」，認為其能有效殲滅高價值目標、減少地面戰爭與平民傷亡。但事實真如此嗎？事後證實，多起無人機襲擊導致平民死亡，甚至誤擊婚禮、學校、救護車隊等事件，引發國際輿論與法律界強烈質疑。

二、暗殺還是合法交戰？法律灰地帶的模糊操作

　　無人機攻擊的最大爭議之一在於其法律依據與目標界線模糊。以美國為例，無人機攻擊大多援引 2001 年通過的《美國國防授權法案》（AUMF），允許美國總統對「參與九一一事件之組織及其附屬者」發動軍事行動。

　　然而，實際執行中，此授權範圍被不斷擴張至任何被懷疑與恐怖主義有關之個人或組織，甚至延伸至多年後與九一一事件無關的新生團體，如伊斯蘭國、青年黨等。

　　此外，多數無人機攻擊發生在美國未宣戰、甚至未正式交惡的國家境內，涉及領土主權、交戰規則與國際人道法爭議。國際紅十字會與人權觀察等組織多次指出，無人機在執行「名單式暗殺」時，常無法滿足交戰法中的「區別性原則」與「比例性原則」。

　　尤其是當目標為居住於平民密集區的疑似恐怖分子時，一次空襲往往造成數十人死亡。美軍雖常聲稱有「極高信心」的情報支持，但事後被揭露誤擊比例極高，引發對其所謂「精準性」的高度質疑。

三、從數據到目標：演算法殺戮與道德危機

　　無人機攻擊的另一大爭議，在於其越來越依賴大數據分析與演算法預測進行「模式辨識式攻擊」，即根據行為模式判斷是否為高風險目標，而非明確身分。

　　例如：美國中情局與國安局利用手機數據、社群活動紀錄、衛星移動

第三章　區域熱點與代理衝突：當代武裝衝突的樣貌

軌跡等分析潛在威脅，若某人頻繁造訪高風險區域、與既定目標有通訊紀錄，便可能被標註為「高威脅對象」。

這種「以行為決定生死」的模式，實質上是將個人資料轉化為潛在罪證，由機器判定執行死亡判決，在倫理與法律上皆極具爭議。若誤判，幾乎無救濟機制，也無清楚問責制度。

2021 年美軍在喀布爾機場附近空襲一輛車輛，原認為其乘客與恐怖分子有關聯，事後證實死者為援助工作者與其七名子女。此事引爆國際媒體與國會輿論壓力，美國國防部最後以「情報錯誤」結案，卻無人被追究責任。

這顯示一個關鍵問題：當戰爭決策去人化，戰爭責任也將去責化。

四、平民於戰爭邊界：
社會心理與戰地生活的潛在創傷

無人機的存在不僅對目標產生威脅，也對周邊平民社群造成長期心理與社會創傷。研究指出，在無人機高度活動區域（如巴基斯坦瓦濟里斯坦地區），平民因不知何時何地將被空襲，普遍出現焦慮、失眠、社交退縮等創傷症狀。

許多孩童將天空中持續盤旋的聲音視為死亡前奏，學校教育與家庭生活遭嚴重中斷。對許多居民而言，無人機不只是武器，更是一種情緒與生活的「無聲控制」。

此外，無人機的「無敵感」與「不對等性」使社群對西方國家的觀感惡化。這並非單純軍事結果，而是戰爭敘事的崩潰——當你從未看見敵

人、從未能反擊、從未能求援，只能等待審判，反而更容易激化仇恨情緒與極端主義。

這種負面回饋效應，構成了反恐戰略的悖論：以斬首式攻擊消滅恐怖威脅，卻在無形中製造新一代的潛在激進群體。

五、無人機與戰爭倫理的重塑：未來何去何從？

面對無人機殺戮的法律與倫理挑戰，國際社會與學界正積極尋求規範途徑。建議方向包括：

- 建立透明機制：無人機攻擊須經司法或跨部門審核，並提供攻擊後完整調查報告；
- 強化戰爭責任歸屬：對誤擊與違法攻擊事件建立問責制度，禁止逃避責任；
- 明確界定交戰行為：國際法需更新對新型科技武器之適用標準與目標辨識規範；
- 保障平民資料安全：限制對非交戰者行為數據之軍事用途，避免資料成為殺戮依據；
- 推動全球協議：類似於禁止地雷與化武的國際公約，無人機亦應納入控制框架。

無人機不只是武器，它是戰爭邏輯與文明界線的試煉場。我們是否能在技術進步與人道價值之間找到平衡，將決定未來戰爭是成為精準正義的化身，還是冷酷殺戮的象徵。

■第三章　區域熱點與代理衝突：當代武裝衝突的樣貌

第六節
大規模游擊：奈及利亞與博科聖地

他們不是為了打勝仗而戰，而是為了不讓國家結束戰爭。

一、起源與擴張：從宗教運動到恐怖游擊力量

博科聖地（Boko Haram）正式名稱為「順從真主與聖戰人民」（Jama'atu Ahlis Sunna Lidda'awati wal-Jihad），成立於2002年，初為奈及利亞東北部波諾州一個強調伊斯蘭原教旨主義的宗教社群，其名稱意為「西式教育是罪」。

其創辦人穆罕默德·優素福（Mohammed Yusuf）批判現代化、國家腐敗與西方影響，訴求重建伊斯蘭政教秩序。2009年優素福被捕並在拘留中死亡，引發追隨者武裝起義，博科聖地從宗教社群迅速轉化為全副武裝的叛亂組織。

其後幾年，博科聖地攻擊警察局、軍營、教堂、市場與學校，逐步控制奈及利亞北部大片地區，並在2014年一度宣布在波諾州古薩鎮建立「哈里發政權」。該年4月，博科聖地綁架奇博克中學276名女學生事件震驚全球，成為國際社會介入的轉捩點。

此組織運用極端暴力、游擊策略與宗教敘事成功吸收大量青年與失業人口，並透過洗劫村莊、綁架與勒索壯大財源，在數年間從一支地區性叛亂部隊擴張為西非最大恐怖游擊組織。

二、非對稱作戰的極端模式：流動戰線與多元武裝

博科聖地的戰術核心為「大規模游擊＋地理流動＋社會恐嚇」。他們並不尋求建立中央政權或固定控制領土，而是採取流動占領與重複襲擾模式，以控制民心、摧毀國家治理能力為目標。

其攻擊方式包括：

- 突襲村落後迅速撤離；
- 利用摩托車隊進行突擊與伏擊；
- 廣泛使用自殺炸彈客，包括女性與兒童；
- 在各州設立臨時稅收點，模擬國家治理結構；
- 將綁架與勒索制度化，用於募資與交換戰犯。

這些行動策略顯示博科聖地並非無組織的暴徒，而是建立在部族網絡、宗教信仰與戰爭經濟之上的複合型組織。其非對稱作戰手段極為多元，能有效拖延國家軍隊、癱瘓行政機構並操控地區人口流動。

奈及利亞軍隊雖進行多次「掃蕩行動」，但因地形不熟、基層腐敗與情資不足，難以針對其游擊行動進行有效打擊，反被迫進入長期防禦狀態。

三、國際支援與區域聯防：有限聯盟的戰略局限

2015 年起，奈及利亞與喀麥隆、尼日、查德四國組成「多國聯合特遣部隊」（MNJTF），希望透過區域聯防打擊博科聖地。國際社會如美國、法

■第三章 區域熱點與代理衝突：當代武裝衝突的樣貌

國與英國也提供軍事顧問、情報支援與無人機技術。

然而，這些行動雖短期壓縮博科聖地控制區，卻未能徹底根除其根基。原因如下：

- 各國利益不同：尼日偏重邊境安全，查德關注湖區戰略，導致聯軍協同困難；
- 情報分享不足：軍事顧問與地方軍事之間缺乏實務整合；
- 軍隊腐敗與人權爭議：奈及利亞軍隊屢遭指控虐待平民、非法拘禁，反而激化反政府情緒；
- 博科聖地的快速再生能力：即使領袖被擊斃，仍有眾多地方指揮官能接替並持續動員。

這也顯示國際軍事支援若未與地方政治與社會重建同步推進，將難以構成長期穩定方案。

四、恐懼治理與敘事武器化：博科聖地的心理戰爭

博科聖地的作戰成功不僅靠武力，亦在於敘事與心理戰的高度整合。他們運用宗教語言合理化暴力行為，將自己描繪為「對抗腐敗政權與西方侵略者的神聖軍隊」。

該組織長年在控制區透過清真寺、宣傳手冊與音訊錄影向群眾灌輸恐懼與信仰交織的敘事，讓反抗者面臨「不信教即死」的道德壓力。被強行徵召的兒童兵不但無法逃脫，更逐漸成為信念與戰術雙重控制下的執行者。

第六節　大規模游擊：奈及利亞與博科聖地

其心理戰也廣泛滲透社群網路。部分影片刻意拍攝恐怖攻擊過程、俘虜處決、倖存者哭泣等影像，流傳於 Telegram 與封閉社群中，構築出「無可對抗」的形象。

這種戰略目標不是純粹摧毀，而是讓政府治理失去信賴與功能正當性，讓群眾習慣暴力秩序，轉向博科聖地尋求生存與秩序。

五、從游擊到治理：非對稱戰爭的未竟之問

即使面臨壓力與分裂，博科聖地在某些地區仍持續運作，甚至出現「去中心化進化」趨勢：部分地方武裝已不再接受中央命令，而是自行劫掠、徵稅與管控村落，演變為武裝型地方政權。

這樣的發展對奈及利亞與整個西非安全構成長期挑戰。當中央政府失去治理能力，武裝組織提供的「穩定但暴力」秩序反而被部分群體接受，形成類似黎巴嫩真主黨或阿富汗塔利班的社會嵌入型生存模式。

若國際社會僅以軍事手段應對，忽視貧窮、教育失衡、青年失業與治理腐敗等根因，則非對稱戰爭將進一步演化為國家碎裂化的長期慢性病。

博科聖地的存在證明，游擊戰不只是軍事形式，更是一種政治與社會條件下的產物。真正的勝利不在戰場，而在於是否能重建比恐懼更有說服力的未來敘事。

■第三章　區域熱點與代理衝突：當代武裝衝突的樣貌

第七節
烏克蘭的人民防衛：
當平民組織變成抵抗主力

我們不只是守衛土地，我們守衛的是一種活著的方式。

一、開戰即全民：平民成為戰爭主體的轉捩點

2022 年 2 月 24 日，俄羅斯全面入侵烏克蘭，掀起歐洲自二戰以來最大規模的戰爭。開戰初期，許多西方觀察家預測烏克蘭將迅速淪陷，然而事實卻顛覆預期：烏克蘭軍隊並未潰退，反而在多處戰線展開強力抵抗，首都基輔成功守住，成為全民抵抗的象徵。

此役最關鍵的非對稱特徵之一，即為「平民軍事化」：成千上萬的普通市民、教師、工程師、藝術家與退休軍人紛紛自發組織防衛隊，參與製造汽油彈、搭建路障、情報傳遞與醫療救援，形成城市游擊網絡。

在政府鼓勵下，烏克蘭設立「國土防衛部隊」，招募志願者接受基本軍訓後配屬本地作戰。這不只是臨時抗戰措施，而是將平民生活與軍事防禦無縫整合，實現真正的「全社會戰爭動員」。

二、民間動員的三重策略：資訊、後勤與士氣

烏克蘭全民防衛體系得以快速運作，有賴於政府與民間三方面的協同策略：

- 資訊戰線：政府與社群平臺結合，廣泛分發戰時資訊與假訊息辨識指引。民間網民組成「數位游擊隊」，透過 Telegram、Twitter 與 TikTok 協助監控敵軍動向、揭露俄羅斯假新聞，形成強大反制敘事能力。
- 後勤支援：平民透過募款、捐物、接駁傷患、供應食物與防彈衣等行動，補足正規軍資源缺口。部分 IT 從業人員將加密貨幣轉為實體物資，創造出以「數位貨幣支援實體抵抗」的新模式。
- 士氣強化：澤倫斯基與其政府每日發布影片與訊息，塑造「與人民同在」的領導形象。街頭藝人創作抗戰歌曲、劇團改演宣傳劇、本地教會提供慰問與庇護，使國族情感與文化凝聚力轉化為抵抗能量。

這些機制顯示，當非對稱戰爭進入「全民戰爭 2.0」階段，防衛能力來自於社會結構的韌性與文化共識，不僅僅是軍備或兵力的問題。

三、城市作戰與去中心化的抵抗網絡

烏克蘭防禦體系的另一大特徵為「去中心化抗戰網絡」，即使通訊癱瘓、交通斷裂，各地仍能依照事先預設的地方計畫繼續行動。這種模式充分利用社區自治、戰前演練與資訊分層分享，使戰場指揮權下沉，避免因首都被攻陷而全面瓦解。

■第三章　區域熱點與代理衝突：當代武裝衝突的樣貌

　　烏克蘭的主要城市（如基輔、哈爾科夫、利維夫）均發展出「城市堡壘」策略：將地下鐵轉為防空設施、將建築物改為戰鬥據點、利用城市巷弄打擊俄軍裝甲車隊。這些行動結合平民地形熟悉優勢，使俄軍難以突破。

　　此外，許多城市居民還主動組成「鄰里監視小組」，協助辨識潛在間諜與破壞者，並快速回報政府平臺。這種「去中心化、群體主動、快速應變」的抵抗形式，使俄軍原先所設想的閃電戰戰術完全失效。

四、法律與倫理的灰色地帶：平民抗戰的雙面性

　　雖然全民參戰加強了抵抗效能，卻也帶來國際法與戰爭倫理的爭議。根據《日內瓦公約》，交戰方須具備武裝辨識與中央指揮結構，以區分於非戰鬥平民。然而，烏克蘭許多志願者並無制服，也未正式登記軍籍，在法律上處於模糊地帶。

　　俄羅斯曾以此為由，將烏克蘭志願者視為「非法戰鬥人員」，不受戰俘保障，並威脅對參與游擊活動的村民進行「報復式清洗」。此外，部分俄軍對民用設施的攻擊也以「內有武裝人員」為由進行正當化。

　　這種模糊狀態讓「平民」與「戰士」界線日益模糊。當戰爭進入社區與家庭，每個人都可能成為參與者，也都可能成為攻擊對象。這要求國際法未來必須重新定義「全民防衛」與「非正規抗戰」的合法邊界。

第七節　烏克蘭的人民防衛：當平民組織變成抵抗主力

五、全民防衛的新典範：以社會為堡壘的戰略啟示

烏克蘭戰爭所展示的，不僅是一場小國對抗大國的經典非對稱戰爭，更是一種以社會韌性為核心的全民防衛新典範。其成功之處在於：

- 將民眾信念轉化為持久抵抗力；
- 將資訊工具轉化為戰略資源；
- 將文化認同轉化為戰爭動員力量；
- 將城市設計轉化為作戰地景。

這場戰爭讓全世界看到：在資訊社會中，武裝不再僅由槍砲定義，而是涵蓋訊息流、信任網、社區動員與文化敘事的整合力。

對於臺灣、波羅的海國家與其他潛在受威脅小國而言，烏克蘭的經驗提供了極具啟發性的戰略藍本：建設平時就存在的人民防衛體系，不是為了開戰，而是為了讓戰爭無法開始。

第三章　區域熱點與代理衝突：當代武裝衝突的樣貌

第四章
資源與科技：
影響戰場的新戰略要素

■第四章　資源與科技：影響戰場的新戰略要素

第一節
天然氣與歐洲依賴：俄羅斯的能源牌

當戰爭發生在天然氣管線之外，那就意味著能源早已是戰爭的一部分。

一、能源即戰略：從管線布局到政治槓桿

俄羅斯自蘇聯時期即為歐洲主要能源供應國，其天然氣資源蘊藏量居全球第一，透過「能源外交」建立起對歐洲長期結構性依賴。天然氣不僅是商品，更是地緣政治的槓桿。

尤其在冷戰結束後，俄羅斯透過兩條主要天然氣供應網絡——北溪一號（Nord Stream 1）與烏克蘭管線系統——將其能源政策與西歐經濟深度綁定。北溪一號直通德國，繞過中東歐國家，被視為俄國「跳過干擾、直達影響核心」的精準設計。

在 2000 年代，俄羅斯與德國大力推動北溪二號（Nord Stream 2），該管線於 2021 年完工，尚未正式啟用即因俄烏衝突而遭暫停。歐洲特別是德國長期低價依賴俄羅斯天然氣，造成極高的結構性脆弱。

這種能源配置讓俄羅斯手中掌握著一種極具威懾力的「戰爭前置工具」——不需出兵，只需「關閥」，即能造成歐洲政治與民生恐慌，能源輸出成為戰略牌桌上的一張王。

二、俄羅斯的能源牌如何轉化為戰略武器？

2022 年俄羅斯全面入侵烏克蘭後，能源立刻成為攻防核心之一。面對歐盟制裁，俄羅斯反手限制天然氣出口作為報復，實施「以能源制裁制裁者」的策略。

數個月內，歐洲天然氣價格暴漲十倍，民生與產業遭重擊，德國一度進入能源緊急狀態，工廠減產、冬季取暖風險升高。這場「不對稱回擊」證明了俄羅斯雖在軍事與科技上劣勢，卻能透過能源反制，讓歐洲在援烏立場上進退失據。

具體策略包括：

- 降低對特定國家天然氣供應配額；
- 要求以盧布計價付款，挑戰歐元與美元體系；
- 借助國營企業如 Gazprom 實施經濟國策行動；
- 藉由能源媒體敘事挑起歐洲內部分歧與恐慌。

2022 年 9 月，北溪一號與二號管線相繼發生爆炸事件，引發全球關注與疑雲，雖無明確證據指出肇事方，但該事件象徵著能源戰爭已從「關閥」進入「破管」，能源設施不再是民用基礎，而成為戰略攻擊目標。

三、歐洲的結構性依賴：戰略短視還是信任錯置？

歐洲長期對俄羅斯天然氣的依賴，反映出冷戰後對全球化與和平秩序的過度信任。特別是德國，奉行「改變透過貿易」政策，認為與俄羅斯經

■ 第四章　資源與科技：影響戰場的新戰略要素

濟合作可帶來政治穩定，結果卻種下能源綁架的隱憂。

根據 2021 年統計，德國近 55%的天然氣來自俄羅斯，義大利與奧地利也超過 40%。這種依賴性不僅影響民生，更讓政治選擇受限，能源成為外交與安全的逆向槓桿。

烏俄戰爭爆發後，歐盟被迫啟動多項應變措施，包括：

■ 推動 REPowerEU 計畫：2030 年前全面擺脫俄羅斯能源；
■ 與挪威、美國、阿爾及利亞擴大天然氣進口協議；
■ 加速再生能源轉型與氫能布局；
■ 擴建液化天然氣（LNG）接收站，提高替代彈性。

然而，這些應變皆非短期解方，亦顯示出過度依賴特定能源供應國的戰略風險，未來不論能源來源轉向何方，歐洲都需重構「能源安全觀」。

四、烏克蘭的管線戰場與能源主權議題

烏克蘭長年為俄羅斯對歐洲能源輸出的中繼站，戰前約 40%的俄歐天然氣需經由烏克蘭管線輸送。俄方多年來嘗試以北溪繞過烏克蘭，其一大原因即為避免將能源命脈交給不穩定政權。

戰爭爆發後，烏克蘭將能源設施視為國家主權防線之一，針對俄軍襲擊管線、電廠與儲氣設施進行強化防禦。2022 年冬季，俄羅斯大量轟炸烏克蘭能源系統，意圖癱瘓民用電網與供暖設施，造成民眾斷電斷熱，引發「能源人道危機」。

烏克蘭除軍事反制外，亦積極推動與歐盟的能源接軌，如將電網併入歐洲同步電網（ENTSO-E），擴大自身能源主權與政治聯結。

此例顯示，能源不只是輸出工具，也是國土戰略資產。控制能源流通與基礎建設，即控制生產、運輸、軍事部署與民心士氣。

五、戰略教訓與未來調整：能源戰的制度性反思

俄羅斯能源牌的短期威力雖大，但也伴隨長期代價。隨著歐洲轉向多元供應，美國頁岩氣與中東能源的進場，俄羅斯正逐步失去歐洲市場，轉向中國、印度與亞太尋找替代買家。

歐洲亦在此危機下重新定義「能源安全」：

- 不再單看價格與效率，而納入地緣風險與政治信任；
- 強調基礎設施去脆弱化與分散供應；
- 透過制度設計減少單一國家能利用資源進行脅迫；
- 強化公私協作與危機管理演練，將能源視為防衛體系一環。

能源不只是經濟議題，而是戰爭的深層驅力之一。正如克勞塞維茲提醒：「戰爭是一種政治工具」，在當代，能源就是那把被高舉又潛藏的劍，其威力取決於制度設計與國家自覺。

■第四章　資源與科技：影響戰場的新戰略要素

第二節
稀土、半導體與科技主權之戰

不必一槍一彈，只要你斷我晶片，我便動彈不得。

一、科技主權的新戰場：從石油到矽的轉變

過去，石油是戰爭的血液，誰掌握產油權，誰就擁有主導全球秩序的能力。進入 21 世紀後，戰略核心已悄然轉移，矽晶片、稀土元素與高科技製造能力，逐漸取代石油，成為新時代的「戰略資源」。

這些資源廣泛應用於軍事、航太、能源、通訊與人工智慧等高敏感性領域。一顆先進飛彈的導航系統、一架第五代戰機的雷達裝置、一臺 AI 分析伺服器，皆仰賴精密半導體與稀土材料的穩定供應。

因此，「科技主權」的概念日益重要：一國是否能在關鍵科技領域維持自主生產與供應能力，將直接影響其在未來戰爭中的主導力與抵禦力。科技，已不再只是創新競賽，而是主權競賽的主場。

二、稀土資源：小元素、大戰略

稀土元素（Rare Earth Elements）指的是 17 種化學性質相近的金屬礦物，雖名為「稀土」，實際上並非特別稀有，但開採與提煉過程環境成本

高、技術門檻複雜,因此產能集中度極高。

目前全球超過80%的稀土供應來自中國,中國亦掌握其精煉技術與出口控制權,並多次於外交或貿易衝突中運用其為「戰略籌碼」。2010年中國與日本因釣魚臺爭議而中斷對日稀土出口,導致日本國內高科技產業一度陷入震盪,成為經典地緣戰略案例。

稀土廣泛應用於雷達、飛彈、潛艇聲納、戰鬥機航電系統、雷射武器與電動車電池等領域,因此,對其供應鏈的控制不僅是經濟安全,更是國防安全。

美國近年重新開啟本土稀土開採專案、投資澳洲與加拿大稀土計畫,並與日本、韓國建立戰略儲備聯盟,企圖降低對單一供應國的依賴。但短期內,全球稀土供應仍難以擺脫對中國的高度集中結構。

三、半導體戰爭:晶片如何成為現代矛盾的核心

若說稀土是軍武基礎,那麼半導體就是當代科技的心臟。2020年代,全球科技與軍事領域幾乎無一不依賴高效能晶片,從AI運算、5G通訊、無人載具,到精準打擊與指揮系統。

美中科技戰的焦點即落在先進晶片的製造與供應鏈控制上。美國擁有EDA(電子設計自動化)、IP授權與部分製造設備控制權,中國則以龐大市場與國家投資企圖打造自主半導體生態。雙方於2020年後互相制裁、禁運與封鎖,加劇全球供應鏈碎裂。

在此之中,臺灣半導體製造龍頭——台積電(TSMC)成為全球地緣

■第四章　資源與科技：影響戰場的新戰略要素

戰略焦點。該公司掌握全球 90% 以上的 5 奈米以下先進晶圓代工能力，其產品廣泛應用於蘋果、高通、NVIDIA、美國國防承包商與超級電腦。

若臺灣遭遇戰爭或供應中斷，全球高端科技與軍事系統將立即受創。這種現象被形容為「矽盾（Silicon Shield）」——臺灣不靠核武，而以晶片保障其戰略不可或缺性。

然而，過度集中也帶來風險。美國開始推動「晶片法案」（CHIPS Act），投資本土製造並要求台積電赴美設廠，顯示晶片不僅是產業核心，更成為地緣安全的制度工程。

四、科技主權與國家安全的融合化趨勢

當代戰爭已不再是軍隊單打獨鬥，而是「科技體系的對撞」。無論是 AI 軍事化、衛星定位、電子干擾、量子通訊或航太系統，背後皆仰賴完整的科技供應鏈、研發資本與國家級支持。

因此，國家安全早已不再局限於軍事機構，而需涵蓋教育體系（STEM 人力）、產業政策（研發補助）、投資審查（外資管制）與法律工具（技術外流限制）等多元機制。

美國《國防生產法》、歐盟戰略自主技術、日本對關鍵設備出口的審查升級、臺灣針對半導體技術移轉的出口管制，皆反映出科技已全面融入國安結構，形成科技戰略—法制機制—外交工具三位一體的新模式。

未來的國防不只是軍購或飛彈部署，更是科技培育、產業布局與制度整備的長期工程。

五、未來挑戰：從斷鏈風險到科技冷戰體系

稀土與半導體的地緣戰略之所以重要，並非因其本身，而在於其供應鏈呈現高度集中、環環相扣且難以替代的特性。一旦中斷，非但損害經濟，也將造成整體軍事戰備癱瘓。

隨著美中對抗進入中長期階段，全球或將面臨科技冷戰體系的制度化，即兩大陣營各自建立晶片、稀土、電池與 AI 的供應鏈與標準體系，互不相通。

這將帶來三大結構性風險：

- 創新失衡：技術封鎖可能造成局部技術停滯；
- 斷鏈衝擊：中立國夾在兩大陣營之間將無法穩定取得關鍵資源；
- 地緣轉嫁：供應鏈遷移將使第三地（如臺灣、馬來西亞、越南）成為新戰略要點，戰爭風險升高。

未來，誰掌握技術節點與供應節點，誰就有主導秩序的資格。因此，「科技主權」已不再是政策選項，而是國家存續的底線。

■第四章　資源與科技：影響戰場的新戰略要素

第三節　軍工複合體的興起與政策牽動

　　我們必須警惕軍工產業與政府之間不當影響的結合，這種結合既可能存在，也已在某些地方發生。

一、軍事與產業的連結：從臨時動員到永久制度

　　軍工複合體（Military-Industrial Complex）一詞由艾森豪所提出，原意是警告美國社會軍方、政府與國防產業形成利益交織的制度聯盟，可能將軍事化思維滲入國家決策體系。

　　自冷戰時代起，為應對蘇聯威脅，美國國防預算不斷膨脹，國防承包商如洛克希德·馬丁（Lockheed Martin）、雷神技術（Raytheon Technologies）、波音（Boeing Defense）與諾斯洛普·格魯曼（Northrop Grumman）逐漸壯大。這些企業與五角大廈、國會軍事委員會、科技研發單位建立起穩固合作網絡，形成「軍政產學一體化」的政策與資源循環系統。

　　軍工複合體不只是生產軍備，更參與戰略制定、國會遊說、外交政策評估，甚至提供退役將領與國安顧問職位，成為美國全球軍事投射與武器外交的根本支柱。

二、全球化下的軍工擴張：歐亞典範的重構

美國並非唯一軍工複合體的實踐者。北約成員國如英國、法國、德國、日本與韓國近年亦強化國防自主政策，藉此推動軍工產業發展，並減少對美國軍售依賴。

- 英國與法國：透過 BAE Systems、達梭航空（Dassault Aviation）與空中巴士防務部門，維持歐洲自主防空、艦隊與飛彈生產能力；
- 德國：在烏俄戰爭後宣布將國防預算提升至 GDP 的 2%以上，並重新投資於萊茵金屬（Rheinmetall）等企業；
- 日本：解除自民黨長期以來對軍事出口的限制，鼓勵三菱重工與川崎重工等企業發展軍備外銷；
- 韓國：透過韓華航太等企業開拓戰車、自走砲、戰機與艦艇輸出市場，近年已成全球前十大武器出口國。

這些變化顯示，軍工複合體已從冷戰時代的美國現象，擴展為全球性戰略產業體系，各國不僅為自保而軍工現代化，也為了在全球軍火市場中搶占商機與影響力。

三、戰爭政策與經濟共構：預算、研發與國防刺激

軍工產業的興起不僅建立在戰爭威脅上，更與政府的政策激勵與財政安排緊密相關。以美國為例，2024 年度國防預算已達 8,860 億美元，占全球總軍費超過四成，且其中超過一半流向私人軍工承包商。

■ 第四章　資源與科技：影響戰場的新戰略要素

　　軍事預算除了用於購置武器，亦大幅投入研發領域，涵蓋量子通訊、AI 軍控系統、無人載具、太空感測平臺等先進科技。這些研發常由國防高等研究計劃署（DARPA）牽頭，與民間公司、高校實驗室合作進行，產出之成果也常反向轉化為民間科技創新。

　　此外，國防採購具有高度就業與地方政治影響。一項武器合約可牽動數州工廠、數萬名技術員工與軍方基地所在地政治代表支持，使得軍工政策不僅是國防事務，更是政治再分配與地方經濟的制度安排。

　　這種結構也解釋了為何即使處於和平時期，軍工支出仍居高不下。當軍事需求與就業穩定、選區利益與科技預算綁在一起，軍工複合體便成為政策運作中不可輕易改變的常態。

四、軍火輸出與武器外交：軍工的地緣投射力

　　當今軍工複合體不僅供應國內需求，也透過軍售政策轉化為外交工具與影響槓桿。軍火輸出不只是貿易，而是一種戰略資源的投射方式，常與軍事基地協定、安全條約與技術轉移綁定。

　　美國向臺灣、日本、以色列、阿拉伯聯合大公國等友好國家出售 F-16、愛國者飛彈與先進雷達，目的不只是商業利益，更是鞏固同盟、塑造依賴結構。南韓與土耳其亦以低價高效武器攻占新興市場，強化區域影響力。

　　這種「武器外交」的效果有三：

■　戰略鎖定：透過持續武器供應建立技術依賴與後勤綁定；

■ 標準主導：塑造全球武器規格與演訓標準，擴大影響力；
■ 經濟槓桿：以軍售搭配援助、投資與軍事協訓，實現外交利益擴張。

軍火輸出成為現代權力投射的新典範，其背後是軍工複合體在外交與安全政策中的制度性角色，已不再是附屬，而是引領政策方向的重要推手。

五、制度性風險與民主監督：軍工複合體的未竟之問

儘管軍工複合體在戰略、科技與經濟層面展現巨大效益，但其制度性風險與民主監督缺口亦日益突顯。

首先是利益衝突與政策綁架問題：軍事戰略的方向是否出於真實安全評估，還是因產業與選票考量而延長衝突、擴張軍費？

其次是技術封閉與競爭排他性：由於研發多集中於特定承包商與高保密制度，常造成創新減速與外部審查困難。

再者是軍備競賽的誘因機制：軍工複合體之存在結構本身鼓勵「威脅放大」與「安全困境」邏輯，不利於和平穩定與風險控管。

因此，未來的戰略民主需對軍工政策進行制度化透明與多元監督，確保國防決策不被少數產業壟斷，也不將安全思維綁定於產業利益之中。軍工複合體的存在是現代戰爭體系的必然，但其應該服務國家戰略，而非決定戰略本身。

■ 第四章　資源與科技：影響戰場的新戰略要素

第四節
空間軍事化：Starlink、GPS 與太空戰略

　　誰控制了太空，誰就掌握了未來戰爭的戰場地圖。

一、戰場視角的轉變：從三維戰爭到四維戰場

　　傳統戰爭的空間主要存在於陸、海、空三維空間，然而自冷戰以來，太空已逐步被納入戰略領域之中。進入 21 世紀，隨著衛星技術、通訊加密與即時定位的進步，太空從過去的「支援性領域」，轉變為「戰略前線」與「作戰平臺」。

　　現代軍事行動無不依賴衛星支持，包括：

■ 全球定位系統（GPS）與其軍規版本進行飛彈導航、部隊協調與無人載具行動；
■ 情報、監視與偵察（ISR）衛星掌握敵軍部署與行動軌跡；
■ 衛星通訊鏈確保跨洲戰場的即時指揮調度；
■ 極軌衛星協助氣象分析與敵軍電子戰探測。

　　此一戰場維度的新增，使得未來戰爭的主權爭奪不再局限於領土，而延伸至「軌道控制權」，形成太空即戰場（Space as a Warfighting Domain）的新軍事典範。

二、GPS、GLONASS 與北斗：全球導航系統的戰略分立

全球衛星導航系統是空間軍事化的基礎建設之一，目前全球主要有四大導航系統：

- GPS（Global Positioning System）：由美國主導，為全世界最廣泛使用的導航系統，其軍規版本可達公尺以下精度，並具抗干擾與加密功能；
- GLONASS：俄羅斯自建系統，用以保障其戰略獨立性，特別強化在北極與歐亞地區的穩定性；
- 伽利略（Galileo）：歐盟主導系統，兼顧民用與商業定位服務；
- 北斗衛星導航系統（BeiDou）：中國自行發展的全球衛星導航體系，正式於 2020 年完成全球組網，提供定位、導航、短訊與授時等服務。

其中，中國的北斗系統是其太空軍事化政策的關鍵支柱。北斗系統不僅具備與 GPS 同級甚至更高的精度（軍用精度可達 10 公分以內），還具備短訊通訊與區域抗干擾能力，可於戰時替代 GPS 執行導航與作戰資訊交換，強化部隊在「無網環境」下的作戰能力。

此舉反映中國對美軍全球 GPS 體系的戰略不信任，並企圖透過自主衛星網路建立軍事與經濟韌性，成為美中科技戰的一部分。

■ 第四章　資源與科技：影響戰場的新戰略要素

三、Starlink 與即時作戰：低軌衛星的戰術顛覆

2022 年俄羅斯入侵烏克蘭後，美國太空科技公司 SpaceX 旗下的 Starlink 衛星網路快速進場，支援烏克蘭建立穩定的戰時通訊系統。Starlink 為全球首個商業化大規模低軌衛星網路，已部署超過 5,000 顆衛星，覆蓋全球 95%以上地區。

其在戰場上的應用包括：

■ 協助無人機導引與目標鎖定；
■ 提供野戰單位即時圖傳與語音聯絡；
■ 穿越傳統通訊干擾與封鎖，確保指揮鏈不中斷；
■ 形成區域性行動雲端作戰室。

Starlink 的實戰表現證明：即時衛星網路已成為非對稱戰爭中關鍵逆轉工具。其低成本、高靈活與不受地面設施限制的特性，顛覆過往戰場通訊的邏輯。

中國與俄羅斯對此極度關注，前者發展「鴻雁星座」、後者啟動「Sphere 計畫」，皆試圖建立各自的低軌衛星通訊網，防止戰時資訊被他國衛星網壟斷，進一步形塑太空版冷戰格局。

四、反衛星武器與太空交火的風險擴張

隨著軍事依賴衛星程度日益加深，「反衛星作戰」（ASAT）成為戰略熱點。多國已進行反衛星武器試射或模擬演習，其手段包括：

第四節　空間軍事化：Starlink、GPS 與太空戰略

- 動能撞擊（如美國 2008 年、印度 2019 年進行之反衛星實彈射擊）；
- 電磁干擾與雷射致盲；
- 網路滲透衛星控制系統；
- 偽裝衛星接近、攔截或拖曳目標衛星。

中國 2007 年曾擊落自家一枚氣象衛星，引發全球關注「太空碎片汙染」，美國與俄羅斯也分別展現過反衛星能力。未來，太空作戰可能不會以爆炸呈現，而是以通訊中斷、導航錯亂與指揮癱瘓等非暴力方式進行。

而此類攻擊難以即時追責，國際法規範模糊，使得太空成為最無聲也最危險的潛在戰場。對此，聯合國至今尚無具約束力的太空軍備限制條約，各國仍處於競建態勢。

五、未來的太空戰略：制度設計與準軍事治理

太空軍事化並不意味著全面武裝太空，而是需建立新的制度邏輯：

- 資安即國防：衛星軟體與地面控制系統的資安防護須納入國防架構；
- 太空軍法制化：如美國太空軍、日本宇宙作戰群，預示未來作戰需組織與法規明確支撐；
- 民商軍合作：商業衛星在戰時如何轉為軍用，使用規範與回應責任需明定；
- 全球治理機制建構：太空交通、衛星碰撞與軍備管控應建立多邊合作平臺；

113

■第四章　資源與科技：影響戰場的新戰略要素

■　科技倫理框架：預防 AI 主導衛星決策或自動化軍事反應帶來災難性連鎖。

　　最終，我們必須認知，太空不再是和平的象徵，而是爭奪資訊、定位與通訊主權的前線領域。戰爭一旦進入太空維度，國際體系的脆弱性將前所未有，而制度設計與科技責任，正是我們能否防止失控的最後防線。

第五節
物流為王：後勤補給決定戰場成敗

業餘談戰術，行家談後勤。

一、後勤的戰略地位：決定戰爭節奏與可持續性

在火力、情報與機動性成為戰場焦點的今日，後勤仍是戰爭的骨幹。無論是攻防轉換、部隊續航、資源調度或心理穩定，後勤都構成支撐軍事行動的隱性力量。無後勤，不可能有持續戰鬥，更遑論勝利。

美國海軍戰略家切斯特・尼米茲曾指出：「沒有後勤支援，戰術與戰略毫無意義」現代戰爭下的後勤，不再只是糧食與彈藥，而是一整套從供應鏈、交通動脈、儲備調度、衛星監控到資安保全的多維體系。

因此，後勤本身即是戰略：誰掌握更強的運輸節點、更穩定的補給系統、更快的分配速度，誰就能掌控戰場的主動權。

二、俄烏戰爭中的補給失衡：
戰術優勢如何被後勤反制

2022年俄羅斯入侵烏克蘭初期，俄軍迅速穿越邊境，兵鋒直指基輔，展現壓倒性的火力與裝備優勢。然而，戰線拉長導致補給線暴露於游擊與

■ 第四章　資源與科技：影響戰場的新戰略要素

無人機攻擊，油料短缺、物資延誤與部隊迷航等情況頻繁發生。

最具代表性的例子是「基輔長蛇陣」：一支長達 60 公里的裝甲與運輸車隊在烏克蘭北部卡住數週，成為空襲與民間阻截的活靶，最終撤離戰線。這反映出俄軍後勤調度的僵化與補給節點設計不良。

相對地，烏克蘭採取靈活補給策略，依靠地方志願網絡與西方軍援通道（特別是波蘭走廊），將補給分散化、多點輸送，使其部隊能快速補充彈藥與醫療，同時運用商用無人機與平民運輸車實現「游擊式後勤」。

此戰說明一點：再先進的武器、再龐大的部隊，一旦失去穩定補給鏈，戰力便如水中沙堡，隨時潰散。

三、美軍的分散式後勤戰略：從基地中心到節點網絡

面對未來印太衝突與中程導彈威脅，美國國防部近年提出「分散式後勤」概念，作為取代冷戰時期「基地依賴型後勤」的對策。

其核心在於：

- 打破集中補給思維，建立「遠征先進基地作戰」（EABO）；
- 結合 AI 預測需求、自動無人機與自主運輸車進行快速運補；
- 強化海上後勤能力，部署浮動彈藥補給艦、海上維修平臺；
- 整合盟國基礎設施，擴大「灰色地帶」應變空間。

這套系統在 2023 年「勇敢之盾」演習中於關島與帛琉試行，證明即便在前線被攻擊，亦能迅速轉移補給節點，維持戰場運作。其背後邏輯不只是補給，更是「供應鏈生存性」的競賽。

未來戰爭不再允許像二戰般固定港口與倉儲系統，而是要有如蜂巢般分布、靈活可替代的後勤生態網絡。

四、供應鏈斷裂與戰場韌性：疫情與地緣風險的雙重衝擊

新冠疫情爆發以來，全球供應鏈已顯現極高脆弱性，尤其是依賴特定地區（如東亞電子零件）與特定廠商（如特定彈藥製造商）的軍事物資配置，在地緣衝突下極易中斷。

例如：美國 2022 年一度因砲彈庫存不足，無法即時支援烏克蘭 M777 榴彈砲火力；英國與德國亦因基礎軍備與燃料儲備過低，需緊急進口應戰。

此外，中國與東南亞製造基地被疫情封鎖，導致全球軍用無人機、車載晶片與通訊模組生產延宕，也暴露軍民雙用技術過度依賴民間供應鏈的弱點。

這些情況迫使各國開始推動「戰略儲備重構」：

- 設立高安全儲備庫，回復冷戰時期的「常備制」思維；
- 建立戰時替代工廠與緊急生產機制（如美國《國防生產法》啟動）；
- 結合 AI 與大數據進行「動態補給模擬」與戰損預測。

現代後勤的關鍵已不只是能否送達，而是能否在多災難場景下持續運作而不崩潰，這才是戰場韌性的真正定義。

■第四章　資源與科技：影響戰場的新戰略要素

五、後勤未來式：技術整合與制度設計的雙軸轉型

隨著戰爭型態演進，未來後勤系統將呈現以下五大轉型趨勢：

- 無人化補給：導入自動運輸車隊、無人飛行補給與海上無人艇，減少人力風險；
- 資料驅動調度：即時需求感測結合 AI 動態路徑規劃，強化分秒級補給節奏；
- 模組化裝備維修：推動「現地模組換裝」制度，取代傳統「撤退維修」流程；
- 地緣韌性設計：不依賴單一輸入來源或交通路徑，建立「供應鏈交叉安全模式」；
- 後勤即戰略文化轉變：讓指揮體系、戰術設計與補給規劃整合，而非並行作業。

未來的戰爭將不再是戰車對戰車、砲火對砲火，而是系統對系統、節奏對節奏。而誰能在補給線不斷時還能打，誰就能撐到最終勝出。

第六節
新科技風險：
生化、基因與量子武器的預期危機

真正令人恐懼的不是我們現在擁有的武器，而是我們即將無法控制的科技。

一、未來戰爭的陰影：從可見武器到隱性滲透

21 世紀的戰爭科技早已不再僅止於火箭、飛彈與戰車。隨著生物科技、基因工程與量子科學的飛躍發展，一種前所未見、跨領域且極難監控的「未來武器矩陣」正在成形。

這些武器的特徵不在於其破壞力可見，而在於其潛伏力、不可追蹤性與難以防禦性。例如：

- 可透過病毒或基因投射影響特定人群的基因武器；
- 可針對腦神經傳導調整情緒或認知的神經干涉武器；
- 可即時破解所有通訊加密的量子解密裝置；
- 或是隱藏於食品、空氣與生物資料中的合成病原。

這些「新武器」可能從未正式上戰場，卻已在灰色地帶影響決策、癱瘓系統甚至改變國家安全架構。未來的戰爭，可能從一場沒有開戰的感染開始。

■ 第四章　資源與科技：影響戰場的新戰略要素

二、生化武器重返視野：從恐懼到實驗場

　　雖然 1972 年《禁止生物武器公約》(BWC) 正式禁止開發與使用生物武器，但由於該公約缺乏強制驗證機制與即時監督能力，實際執行成效有限。

　　2010 年代以來，隨著合成生物學 (Synthetic Biology) 的成熟，合成病原體、基因重組病毒與人工酵素病株的實驗急速增加。根據《自然》期刊報導，2018 年加拿大一間實驗室利用基因編輯 DNA 技術讓研究人員重新復活了一個類似於天花病毒的一個基因。。

　　此技術一旦軍事化，將可針對特定民族、遺傳病、免疫型態或居住環境製造定向傳染病，形成所謂「種族級生物武器」(Ethnically Targeted Bioweapons)，對國際人權與戰爭法構成嚴重挑戰。

　　更嚴重的是，其「不可見性」與「可滲透性」將讓國家安全架構無法以傳統防禦對應：疫苗、生物資料與國內醫療機構將成為新一代國安防線，而非軍營與飛彈基地。

三、基因編輯與腦神經干涉：下一階段的人體戰場

　　CRISPR 基因編輯技術讓人體不再只是戰爭的執行者，而是可能被「重新編程」的對象。部分軍事研究計畫已開始探索：

- ■ 強化士兵耐痛、耐缺氧與情緒控制能力；
- ■ 抑制特定腦區情緒反應以降低恐懼與創傷症候群；
- ■ 編輯敵方人員或族群基因以改變其健康狀態、繁殖力或行動模式。

第六節　新科技風險：生化、基因與量子武器的預期危機

此外，神經武器（Neuro-Weapons）正透過腦波干擾、聲波低頻調整與電磁場刺激進行實驗。2016 年美國駐古巴外交人員「哈瓦那症候群」事件便被懷疑與定向能量武器有關（2020 年 NASEM 報告）。

這些發展突顯一項重要趨勢：未來的戰場可能從地表轉向人腦，從武裝敵人轉向改寫人心。而這種「非致命但具徹底操控能力」的武器，正好遊走於國際法模糊邊界之間。

四、量子科技的雙刃劍：從通訊革命到戰略瓦解

量子科技被視為新世紀最大破壞性技術之一，其在軍事領域主要展現於三個面向：

- 量子運算（Quantum Computing）：可瞬間破解目前所有加密協議，對國防、金融與外交通訊構成「一鍵癱瘓」威脅；
- 量子通訊：透過糾纏粒子實現理論上無法竊聽的通訊鏈；
- 量子感測：應用於反潛探測、導航免 GPS 定位、極精度制導武器等。

2021 年起，美國、中國、歐盟、日本相繼投資數百億美元於量子國安計畫。中國已部署多顆量子衛星，並宣布建立「量子防火牆原型」，試圖打造一種「不需加密的通訊防禦體系」。

然而，一旦量子電腦普及，現有全球數位基礎建設（如銀行、機場、軍方網路）將全面失去保護。屆時若無「量子對抗系統」，不需一兵一卒，敵人便可癱瘓整個國家數位脈絡。

■第四章　資源與科技：影響戰場的新戰略要素

五、未來武器的治理難題：制度設計與科技倫理的賽跑

上述各項科技尚未全面進入戰場，但其潛在風險早已滲透各國軍事與戰略設計中。這些科技的挑戰在於：

- 跨領域難監管：生物技術多屬民用研究，軍民難區分；
- 資訊不對稱：極少數國家掌握研發資源，難形成多邊共識；
- 國際法滯後：現有公約無法納入腦神經與量子武器定義；
- 風險不可回溯：一旦外洩或失控，將無法如核武般設立「冷卻平衡」。

因此，各國應積極推動以下治理路徑：

- 設立新型科技戰爭準則公約（如量子與基因戰雙禁止條約）；
- 建立全球技術風險預警中心；
- 科技倫理委員會納入軍事體系審查；
- 強化軍民分離框架與防外洩協議制度化；
- 鼓勵跨國民主國家共同制定前沿科技使用倫理規範。

未來的戰爭可能沒有開火聲，也沒有宣戰日，但當你身體的細胞、手機的網路、思考的方式、甚至血統資料，都可能被「他國觸及」時，戰爭已在我們生活中開打。

第七節
2030 年戰爭模型的預想圖譜

下一場世界大戰不會只有一個開戰日，因為它會在我們無察覺的時候就已經開始了。

一、分散、融合、混合：未來戰爭三大結構特徵

未來戰爭的本質，將不再是明確國界與時點下的軍事對決，而是一種持續、分散與結構性滲透的綜合競爭態勢。根據目前科技與軍事趨勢，我們可預見 2030 年戰爭將呈現三大結構性特徵：

- 分散化：作戰節點不再集中於軍事基地與前線，而廣布於城市、雲端與物聯網之中。每個連網裝置、每位平民使用的手機，都可能成為戰場一部分。
- 融合化：軍事、經濟、能源、認知與氣候政策完全交織。能源制裁可取代戰車進攻，社群演算法能癱瘓選舉制度，基因資料庫可能引發人道災難。
- 混合化：未來戰爭不會只屬於國家或正規軍，而是由國家、企業、駭客、無國界戰士、AI 代理人共同組成的「複合行動體」，交錯在合法與非法、公開與秘密、實體與虛擬的灰色區域。

第四章　資源與科技：影響戰場的新戰略要素

　　這些趨勢意味著，我們傳統理解中的「戰爭」概念將被重構：不再是國與國的明確開戰，而是治理失能、科技操控與制度滲透的長期交纏。

二、科技結構與攻防節奏：
晶片、衛星與 AI 的三角戰場

　　2030 年以後的戰爭將圍繞三大技術主樞紐展開：晶片控制、衛星通訊與人工智慧決策權。

- 晶片主權：控制先進晶片製造與設計將成為國家級戰略制高點。臺灣、南韓、美國與日本的晶圓生產鏈將構成未來戰爭的「地緣矽盾」。任一鏈節斷裂，可能導致整體軍用設備與通訊癱瘓。
- 衛星軌道：低軌衛星如 Starlink、北斗、Amazon Kuiper 將建構新型軍民共用的全球通訊與感測網路，彼此之間將爆發「軌道爭奪戰」，反衛星能力與軌道安全成為戰略重中之重。
- AI 決策主權：隨著指揮系統高度仰賴 AI 分析與戰場模擬，各國競爭的焦點不再只是「資訊蒐集」，而是「決策壟斷」——誰能更快讓 AI 自我優化、即時模擬與預測敵方行動，誰就能在毫秒級節奏中贏得主動權。

　　2030 年的戰爭將不是用眼睛看，而是用資料對資料、演算法對演算法，成敗取決於誰能讓 AI 更快找到戰爭中的「決勝點」。

三、後勤新型態：流動工廠、無人補給與數位維修

當火力、指揮與偵察全數高度科技化，後勤系統也將迎來革命性轉型。未來的補給與維修模式將具有以下幾項關鍵特徵：

- 模組化機動工廠：可透過 3D 列印與現地材料再製，迅速生產武器部件、載具裝甲與機電零件，減少對本土基地依賴。
- 無人化補給鏈：由無人飛行器、無人地面車隊與海上無人艇協同運輸補給品，取代傳統兵站運輸模式，提升效率並減少人員風險。
- 預測式維修系統：結合 AI 與物聯網（IoT）技術，即時監控軍備運作狀態，在發生故障前預測與自動調度維修資源，形成戰場上的「智慧後勤雲平臺」。

後勤將不再是戰爭的後臺，而是前線的一部分。當供應節點失靈，戰爭即告終止；當維修系統中斷，精密作戰即失效。

四、認知主權與心理戰：資訊即武器、敘事即戰場

2030 年的戰爭將有一個看不見的核心：認知空間的控制權。

從社群平臺的操作、虛假影片的製造到演算法推播的優化，心理戰將超越過往宣傳的功能，成為國家與社會穩定的基礎結構。

- 深偽生成（Deepfake AI）：用於製造政治人物假聲明、軍官投降影像、平民受難畫面，迅速擾亂指揮體系與士氣；

■第四章　資源與科技：影響戰場的新戰略要素

- 演算法戰略：敵方可透過廣告、推薦機制或社群操控改變社會情緒，打擊民心士氣，甚至影響選舉結果；
- 敘事優勢戰：勝負不只取決於火力消滅對方，更是看誰能讓全球相信「誰才是受害者」、「誰才有正義性」。

屆時，資訊即武器，信任與真實本身將成為稀缺戰略資源。

五、制度未來：管控、規範與多邊安全架構的可能性

在科技、物流、認知與空間武器化的趨勢下，2030年戰爭的預想圖譜也突顯出制度性的迫切需求。面對一場「永遠準備開打、但永遠無法結束」的結構性戰爭，各國須共同思考以下制度方向：

- 國際太空軍事規範：建立對衛星、軌道武器與低軌通訊系統的使用界限；
- AI戰爭倫理協議：明確限制自主武器的攻擊權限與決策界線；
- 生化與基因戰的雙邊預警體系：防止類似COVID-19起源爭議成為未來生戰導火線；
- 數位敘事透明機制：建立跨平臺演算法審查與假訊息防堵機制，保障公民社會不被認知操控；
- 後勤與能源安全條約：保障在戰時人道補給與民用設施不得成為主要打擊目標。

第七節　2030 年戰爭模型的預想圖譜

　　這些制度設計將決定未來戰爭是否仍有「規則」，或將徹底邁入「無序多元衝突」的黑洞時代。

　　2030 年的戰爭不再單一，而是由科技架構、資訊節奏與心理強度所堆疊出的多層空間。正因如此，我們需要的不只是更新武器，更要重寫制度、重塑思維，在還未開戰之前，重新定義「戰爭」本身。

■第四章　資源與科技：影響戰場的新戰略要素

第五章
國際聯盟與小國戰略：
全球防禦網絡的重塑

第五章　國際聯盟與小國戰略：全球防禦網絡的重塑

第一節
北約重組與東擴的回火效應

　　他們說北約不會向東移一步，但每一次擴張，都是一場新的邊界危機。

一、北約轉型的兩難：從防禦聯盟到危機催化器

　　北大西洋公約組織（NATO）原於 1949 年為對抗蘇聯擴張而成立，是美國與歐洲主要國家構成的集體防禦聯盟，核心原則為第五條：「對一國的攻擊視為對全體的攻擊」。冷戰結束後，原先的威脅來源瓦解，北約卻未解編，反而轉向「危機應對與價值輸出」模式，成為西方安全秩序的制度支柱。

　　1990 年代起，北約接連吸收中東歐國家，包括捷克、匈牙利、波蘭（1999 年），以及波羅的海三國、羅馬尼亞、保加利亞（2004 年）。北約逐步逼近俄羅斯邊境，從原先防禦性框架，轉變為某種程度的地緣施壓機構。

　　此舉引發俄羅斯的強烈疑懼，特別是在 2008 年北約公開表示「烏克蘭與喬治亞將最終成為成員國」後，普丁政權視其為國安紅線的實質踩踏。

　　因此，北約轉型過程中未能重新界定其威脅認知框架，使其在維持西方安全的同時，卻成為東歐與俄羅斯緊張升高的結構性來源。

二、東擴與回火：從喬治亞戰爭到烏克蘭戰場

北約東擴的回火效應最早展現在 2008 年喬治亞衝突。當年該國領導人薩卡希維利試圖加入北約，並對南奧塞提亞強勢進軍，引發俄羅斯軍事介入。短短五天內，喬治亞敗退，俄羅斯事實上控制兩個分離區域並駐軍至今。

真正的震央則落在烏克蘭。2014 年烏克蘭親歐政權上臺、克里米亞被俄羅斯吞併後，雙方進入長期戰爭邊緣狀態。2022 年俄羅斯全面入侵，其官方說法之一便是「防止北約進入烏克蘭」，聲稱其為先發制人之舉。

雖然這種說法飽受質疑，並無法正當化對主權國的侵略，但事實證明，北約的存在與擴張已成為俄方內部安全敘事的核心建構資料，其「被害者論述」在國內具高度說服力。

換言之，北約東擴雖未直接引戰，卻成為地緣對抗的制度推手之一，將本意為防衛的聯盟，轉化為某些國家的「潛在壓迫象徵」。

三、軍事強化還是戰略擴張？
芬蘭與瑞典加入北約的信號

2022 年俄羅斯入侵烏克蘭後，北歐兩國 ── 芬蘭與瑞典 ── 徹底改變了數十年的中立政策，申請加入北約。此舉不僅強化北約在波羅的海的軍事部署，也代表小國在極端安全壓力下選擇加入強權集體防禦體系的現實選擇。

■ 第五章　國際聯盟與小國戰略：全球防禦網絡的重塑

芬蘭與俄羅斯邊界長達 1,300 公里，加入北約後等於將北約直接壓到俄羅斯北線，其戰略壓力倍增。儘管雙方皆強調防禦性質，但這種地緣壓迫在戰略文化中的象徵意義遠大於實質軍事威脅。

值得注意的是：瑞典與芬蘭的快速入盟歷程顯示，北約已從「等候國家自動靠近」轉變為「主動吸納同盟圈擴張」的新階段。這種趨勢恐將使北約逐步失去其「區域防衛聯盟」的身分，而變成一種制度性秩序輸出機制，進一步模糊防守與擴張之界線。

這不僅挑戰其內部戰略平衡，也可能為未來與中俄的對抗形塑更多導火線。

四、內部多元與制度摩擦：北約的集體困局

儘管北約展現出面對俄羅斯挑戰的集體應對力，但其內部其實存在龐大的戰略落差與制度摩擦。不同成員國對於俄羅斯、對中國、對全球任務的理解與立場各異，導致政策步調難以一致。

例如：

- 土耳其長期扮演「戰略搖擺者」，在與俄羅斯軍購（S-400）和敘利亞政策上與盟國產生矛盾；
- 匈牙利與斯洛伐克等中東歐成員對制裁政策態度保留；
- 法國與德國主張「歐洲戰略自主」，強調北約應回歸歐陸，而非延伸至印太。

隨著美國作為北大西洋公約組織（NATO）事實上的主導國，其外交政策的變動持續深刻影響聯盟整體運作節奏。唐納·川普（Donald Trump）於首個任期內提出「欠費論」與「功能懷疑論」，強調成員國應提高防務支出，並質疑北約集體防禦機制的有效性，導致歐洲盟邦對聯盟穩定性產生普遍不安。喬·拜登（Joe Biden）上任後，雖重申對北約的傳統承諾，卻同時推動「北約全球化」路線，擴展北約職能至亞太地區與新興領域（如網路安全、太空防衛），在歐洲內部引發對組織任務擴張與戰略重心稀釋的爭議。

2025年，川普再次就任美國總統後，重啟對北約防務負擔分攤的施壓，並主張將北約重回「地區防禦本位」，進一步加劇成員國間對聯盟未來定位的分歧。部分歐洲國家則呼籲強化自主防衛能力，以減緩對美國政策變動的結構性依賴。

在連續的內部摩擦下，北約即使維持了全球領先的軍事整合實力，卻在制度治理與戰略一致性層面呈現出「組織能力強而政治意志脆弱」的矛盾結構，進一步暴露出其在面對俄羅斯威脅、應對印太局勢以及新興非傳統安全挑戰時，內部凝聚力不足的潛在風險。

五、未來挑戰與制度選擇：北約的轉型十字路口

隨著全球安全格局走向多元化與區域化，北約面臨三大制度選擇：

- 回歸核心防衛：強化對歐洲成員的集體防禦與危機反應能力，縮減「地球警察」角色；

■ 第五章　國際聯盟與小國戰略：全球防禦網絡的重塑

- 擴張型聯盟：持續吸納印太合作夥伴、東歐潛在成員，構築「民主防衛圈」；
- 功能轉型：朝向「軍事－科技－資訊三位一體」的戰略體系轉型，涵蓋網路、能源與供應鏈安全。

目前的趨勢似乎傾向於第二與第三路線融合，這對俄羅斯與中國等非成員國來說，是威脅升高的象徵。也因此，北約自身的存在方式與行為方式，將直接塑造未來地緣衝突與戰爭風險的範圍與強度。

在這樣的架構下，若無制度性自我限制與戰略節制機制，北約可能成為「無意間點燃戰火的制度火源」——一個因為過度自信與地緣壓力而不斷激化安全困境的超級聯盟。

第二節
AUKUS 與印太戰略：抗衡中國的新框架

印太不再只是經濟航道，而是全球安全的重心。

一、AUKUS 的誕生：重塑安全聯盟的邏輯

2021 年 9 月 15 日，澳洲、英國與美國共同宣布成立 AUKUS（Australia-United Kingdom-United States）三邊安全夥伴關係，此舉立即震動國際戰略格局。表面上，AUKUS 是一項軍事技術合作框架，實質上則是美國為主導的新型安全聯盟，目標明確劍指中國。

AUKUS 的主要合作範疇包括：

- 協助澳洲建造核動力潛艦艦隊；
- 發展人工智慧、網路戰、量子通訊與水下作戰技術；
- 強化情報共享與聯合演訓機制。

AUKUS 的成立不只是對原有安全架構如五眼聯盟（Five Eyes）與美日澳印「四方安全對話」（Quad）的延伸，更重要的是，它代表著美國將印太戰略由多邊合作轉向小型高效「戰略核心圈」的制度轉移。

這一聯盟不同於北約之集體防衛條款，而是以「戰略能力整合」為主體，其所預設的敵對情境，明顯鎖定中國於南海、臺海與第一島鏈的軍事擴張。

■ 第五章　國際聯盟與小國戰略：全球防禦網絡的重塑

二、核潛艦計畫：戰略嚇阻與核擴散的雙重效應

AUKUS 最具爭議性的合作專案，即為澳洲獲得美英協助建造核動力潛艦（SSN），預計 2030 年代初投入部署。這是歷史上首次非核武國家獲得核潛艦技術轉讓，象徵信任，也是地緣權力再分配的重大舉措。

核潛艦具備三大戰略意義：

- 水下長時潛航能力：無需頻繁浮出換氣，適合遠距部署與戰略偵察；
- 高隱匿性與嚇阻效能：可於第一島鏈與南太平洋游擊巡弋，形成對中國艦隊的反制網；
- 戰略自主性提升：強化澳洲作為「南半球安全支柱」的角色，減輕美國在亞太直接部署壓力。

然而此舉亦引發核擴散爭議，因其雖未配備核彈頭，卻突破《不擴散核武條約》(NPT) 框架下的敏感技術限制，可能導致其他區域強國效仿，進而弱化全球核秩序。

特別是在東南亞，印尼與馬來西亞明確表達對此發展的憂慮，認為此舉可能激化南海軍備競賽，並使區域對抗性進一步升溫。AUKUS 所帶來的不只是力量平衡改變，更是核治理規則的實質重構。

三、印太戰略整合：從第一島鏈到「準北約」

AUKUS 的成立並非單點部署，而是嵌入美國「自由開放印太戰略」（FOIP）之大架構內。其功能是彌補四方安全對話的制度鬆散性，為美國

在印太建立一條從技術、海軍到供應鏈的完整防衛弧線。

具體來說，AUKUS 的功能連結以下三個層級：

第一島鏈：戰術前線

包含日本、臺灣與菲律賓，是遏制中國出海與海空軍活動的第一防線；

AUKUS 潛艦與 AI 技術將加強此區域的持久監控能力。

第二島鏈：後勤支撐

關島、馬紹爾群島與夏威夷構成美軍印太投射樞紐，為快速支援與調度提供空間縱深。

南太平洋與印度洋：戰略腹地

澳洲核潛艦部屬於此地，成為中國與其他大國進入太平洋後方的潛在反制者。

若未來再加入日本與韓國，AUKUS 有潛力演變為一個「印太北約」，並結合歐洲、東亞與南亞的軍事情報與武器標準系統。這種軍事體制的趨勢，將進一步加速「兩個世界的形成」：以中國與俄羅斯為一端，以 AUKUS 為主的印太民主聯盟為另一端。

第五章　國際聯盟與小國戰略：全球防禦網絡的重塑

四、中國的反應與對策：資訊戰、戰略稀釋與制度抵制

面對 AUKUS，中國外交部第一時間強烈譴責此聯盟為「冷戰遺緒再現」，認為其將引發區域軍備競賽與核風險擴大。中國對 AUKUS 的應對策略主要分為三個層面：

- 敘事操作：在國際媒體與區域組織上強調 AUKUS 違反核不擴散原則，塑造道德制高點；
- 軍事因應：加速南海軍事化，包括部署新一代潛艦、反潛系統與海空偵察網；
- 制度對抗：強化與東協、上海合作組織與金磚五國的多邊合作，以制度性方式「稀釋 AUKUS 影響力」。

同時，中國也積極發展自主高科技軍事平臺，如「東風」系列極音速飛彈、量子加密通訊與北斗導航強化計畫，藉此建立「非對稱對抗能力」，避免在太空與水下領域完全落後。

這些對策反映出 AUKUS 不只是軍事聯盟的出現，而是對中國整體安全思維的挑戰與再編程壓力。

五、戰略意涵與未來走向：聯盟體系的分岔與整合可能

　　AUKUS 的出現意味著未來國際聯盟體系將從「地理型同盟」走向「功能型戰略集團」：

- 美國不再依賴既有多邊架構（如聯合國），而轉向自組小型高效戰略圈；
- 傳統中立國（如澳洲）也可能因技術軍事化而被迫選邊；
- 國際安全制度面臨「集體安全」與「選擇性安全」兩種邏輯對撞。

　　未來若 AUKUS 擴大成類似北約的印太版本，其對臺灣防衛的實質支援、對南海航行自由的保障機制、對東南亞國家的技術出口戰略，都將成為制度建構的關鍵試金石。

　　但同時，該聯盟也需面對以下問題：

- 如何避免刺激軍備競賽失控；
- 如何平衡內部技術分享的不對等；
- 如何與現存多邊機構（如 Quad、ASEAN）協同而非取代。

　　總結來說，AUKUS 是未來戰爭聯盟「新形態」的起點，其意義不只在於軍備共享，而在於塑造一種以科技、主權與戰略整合為核心的新安全秩序模型，這將決定印太區域未來二十年的和平與衝突節奏。

■第五章　國際聯盟與小國戰略：全球防禦網絡的重塑

第三節
歐洲防務自主：軍事整合還是各自為政？

歐洲需要成為自己的保衛者，而非一味仰賴他人。

一、戰後的安全依賴：從美軍保護傘到自主的呼聲

自二戰結束以來，歐洲安全便深度仰賴美國所主導的北約體系。冷戰時期，北約是對抗蘇聯的絕對保障；冷戰結束後，儘管直接軍事威脅減少，但美國軍事影響力依舊深植歐洲戰略結構。

然而，2016年英國脫歐與川普政府對北約的質疑立場，讓歐洲領導人意識到——美國未必永遠可靠，歐洲需要為自己的安全負責。法國率先倡議「歐洲戰略自主」（Strategic Autonomy），主張建立獨立於北約之外的軍事決策與作戰能力。

歐洲防務自主概念迅速成為政策議程的核心，並延伸至科技研發、武器生產與網路防衛等領域。這並非要求與北約脫鉤，而是尋求在多邊聯盟之內發展「第二層安全支柱」，讓歐盟具備不依賴美國即可應對中低強度衝突的能力。

二、制度進展與組織創新：從 PESCO 到歐盟快速部署部隊

歐洲聯盟於 2017 年啟動「永久結構性合作機制」（PESCO），成為軍事整合的正式平臺。該機制強調各國在預算、人力與技術上進行協調與共同開發，目前涵蓋 60 多項合作計畫，包括無人載具研發、歐洲軍醫應急機構與網路安全演訓中心。

2021 年，歐盟宣布成立「歐盟快速部署能力」（EU Rapid Deployment Capacity），預計於 2025 年具備部署最多 5,000 名部隊於境外危機區域的能力。此一部隊非取代北約快速反應部隊，而是補充歐洲在危機應對時的自主應變力，特別是北非、巴爾幹與薩赫爾地區。

此外，歐盟國防基金（EDF）也於 2021 年正式啟動，年度預算達 15 億歐元，用於支持跨國軍工合作與新興技術投資（如 AI 軍控、量子通訊與衛星監控）。

這些制度顯示：歐盟防務整合正逐步轉型為具組織性與功能性軍事實體，試圖在區域衝突與全球防衛中扮演更獨立的角色。

三、法德引領與制度斷裂：統一願景下的國家自我

歐洲防務整合的推動力主要來自法國與德國。法國以其核武與軍事工業實力主張建立「歐洲軍」，強調戰略文化的歐陸自信；德國則在俄烏戰爭後宣布《時代轉折》(Zeitenwende)政策，投入 1,000 億歐元軍備現代化，企圖重塑德國防衛角色。

■ 第五章　國際聯盟與小國戰略：全球防禦網絡的重塑

然而，防務整合的進展並非無礙。主要制度障礙包括：

- 國防政策與戰略文化差異大：東歐國家如波蘭、波羅的海三國更傾向依賴美國與北約，對歐洲防務自主持保留態度；
- 預算與產能差距：南歐與小國財政負擔重，難以持續投入，造成整合進度不一；
- 軍工主導權爭奪：法德聯合開發「未來空中作戰系統」（FCAS）與主戰戰車計畫屢次因產權與工廠配置爭議陷入停擺；
- 缺乏統一指揮鏈：目前歐盟軍事行動仍需仰賴北約架構或成員國間臨時協議，缺乏如北約 SACEUR 般的常設指揮官與獨立行動規則。

上述問題顯示：歐洲雖有整合意志，但仍深陷「制度未整、主權難讓」的困局，難以形成與美國對等的軍事合力。

四、烏俄戰爭與戰略反思：北約強化與歐盟失速？

2022 年俄羅斯全面入侵烏克蘭，成為歐洲安全格局的重大轉捩點。面對俄軍壓境，歐洲主要軍事行動與援助仍由北約主導，美國、英國與波蘭提供主力武器與情報支援，而歐盟機構則多扮演政治協調與人道支援角色。

此一實況突顯歐洲防務自主的尷尬定位：當危機來臨時，真正能動員軍事實力的依然是北大西洋公約組織，而非布魯塞爾的歐盟機構。

然而，烏俄戰爭同時也加速了歐洲內部對戰略脆弱的警醒。包括：

- 芬蘭與瑞典決定加入北約；

- 歐盟啟動聯合軍購與武器庫存整合；
- 歐洲防務議題成為歐洲議會選舉與預算分配核心議題。

因此，我們可見兩股力量交錯發展：北約重拾中心性，但歐洲整合意志也因危機而被激發，進入制度設計與政治共識的強化階段。

五、未來的歐洲軍事圖譜：分層聯盟或共享主權？

面對軍事整合與國家主權的矛盾，未來歐洲防務可能走向以下三種架構：

- 雙層結構：核心國家如法、德、義、西形成「快速整合圈」，其他國家按能力與意願選擇參與範圍；
- 模組化合作：不強求全體一致，而是根據任務性質進行模組合作，例如海軍、空防、網戰各自整合不同國家；
- 共享主權機制：推動軍備研發與戰略決策的部份主權交由歐盟層級處理，類似歐元區模式。

這些方向無論採取哪一種，皆須回答一個核心問題：歐洲是否願意在國防問題上走出民族國家的框架，建立一個真正可以自我決策、自我行動的安全共同體？

總結來說，歐洲防務自主不是軍備總量的競爭，而是制度整合、文化調和與主權讓渡的綜合實驗。這場實驗能否成功，將決定未來歐洲在全球安全秩序中的主體性與可持續性。

■第五章　國際聯盟與小國戰略：全球防禦網絡的重塑

> **第四節**
> **聯盟中的弱小聲音：**
> **波羅的海三小國的防衛學**

我們的土地雖小，聲音卻必須被聽見；我們的軍力雖有限，抵抗的決心卻無可動搖。

一、歷史重複與地緣恐懼：三小國的安全心態

波羅的海三小國——愛沙尼亞、拉脫維亞與立陶宛——自蘇聯解體後即迅速融入西方陣營，2004 年同時加入北大西洋公約組織與歐盟，成為俄羅斯與北約接壤的最前線。然而，這三國地狹人稀、軍力有限，地理上鄰近俄羅斯本土與其飛地加里寧格勒，在地緣戰略上處於極度脆弱的前沿。

歷史上，三國曾多次被俄羅斯帝國與蘇聯吞併，獨立歷程屢經中斷。這種歷史經驗使其政治文化中內化了一種「安全焦慮」：雖有北約保護傘，但對於美國或西歐盟國在危機時刻是否會真正出兵，始終抱持懷疑。

特別是在 2014 年俄羅斯吞併克里米亞、2022 年全面入侵烏克蘭後，這種焦慮急速升溫。三國開始強化軍事支出、改革防衛制度、加強全民動員訓練，並積極於國際場合發聲，爭取將俄羅斯界定為「存在性威脅」。

他們深知：自己的安全不僅仰賴盟軍，更仰賴自己的能見度與被理解程度。

二、小國威懾的三原則：透明、自主、預設對抗

波羅的海三國明白自己無法單靠軍力擊退俄羅斯，轉而採取三項「小國威懾戰略」原則：

- 透明部署與國際連結：積極邀請北約盟軍駐紮，進行聯合演訓。立陶宛與德國、愛沙尼亞與英國、拉脫維亞與加拿大形成「駐軍搭配」。這些外軍部隊雖規模有限，但其「國旗存在」可視為戰略嚇阻，象徵若俄方攻擊，等於直接攻擊多國部隊。
- 有限自主防禦建構：三國皆推行軍備現代化，增加國防預算至GDP的2%以上。立陶宛重啟徵兵制度，拉脫維亞實施全民兵役制改革，愛沙尼亞則創建「防衛聯盟」制度（Kaitseliit），全民皆可受訓備戰，形成「全民抵抗、社會韌性」的戰略思想。
- 預設對抗演練：不再幻想和平穩定的常態，而是視戰爭為可預期情境。常年進行反占領、城市戰、通訊癱瘓演練，模擬「戰爭初期即孤立應對」場景。這種思維並非恐慌，而是一種制度韌性的前設。

透過這三項原則，三國在北約架構中逐漸從「邊陲弱點」轉型為「戰略前沿示範國」，展現出小國在大國博弈中的制度創造力。

三、數位主權與資訊防禦：愛沙尼亞的網路國防實驗

波羅的海三國中，愛沙尼亞最為突出的是其數位國防戰略。2007年遭遇俄羅斯主導的大規模DDoS網攻後，愛國政府決定將資訊安全納入國防體系。

■ 第五章　國際聯盟與小國戰略：全球防禦網絡的重塑

其後數年，愛沙尼亞推動「數位主權」政策，重建政府架構：

- 所有政府機關資料上鏈；
- 備份政府運作於海外；
- 成立網路防衛聯盟，由技術專家與駭客志工組成；
- 加入北約網路防衛中心（CCDCOE），成為演訓主導者之一。

這一系列政策不僅強化了愛沙尼亞的資訊安全，也讓其在數位時代的國家韌性成為模範。其戰略邏輯是：若一場戰爭必然包含數位維度，小國可以搶先於此處打造不對稱優勢。

此模式正被拉脫維亞與立陶宛仿效，顯示小國不需依靠常規軍力，也能在網路戰與社會信任系統中打造「不可崩潰國體」。

四、政治聲量與外交槓桿：制度參與的最大化

波羅的海三國充分理解「小國影響力」並非由軍備大小決定，而是由制度能見度與話語權組成。因此他們極度積極參與北約、歐盟與聯合國的各項外交論壇，常被視為「反俄最強硬聲音」。

例如：

- 立陶宛於 2021 年退出中國主導的「17 ＋ 1 合作機制」（中國－中東歐國家合作），主動承認臺灣代表處，儘管引發中方制裁，卻換得歐美的政治支持；

- 愛沙尼亞與拉脫維亞在聯合國人權理事會上多次主導俄羅斯侵略議題；
- 三國政府皆與烏克蘭保持高度協調，提供軍援、接受難民、倡議建立戰爭罪調查機構。

這些作為雖然軍事上未能直接改變區域平衡，但在制度框架中有效提高三國的能見度與政治信用，形成「小國外交－聯盟機制－國際規範」三重戰略圈。

五、結構挑戰與未來路徑：能撐多久與撐給誰看？

儘管三國表現出高度戰略成熟與制度創新，其未來仍面臨三大挑戰：

- 長期壓力承受力：高國防支出與全民備戰制度是否能在和平年代持續維繫？社會是否會出現戰爭疲乏？
- 大國忽略與內部分歧：北約與歐盟內部對俄政策不一，是否會再次出現「布達佩斯安全保障備忘錄」式的信任落差？
- 科技與制度失衡風險：數位防禦強化是否會侵蝕民主監督？資訊戰會不會反過來造成社會自我審查與恐慌傳染？

對此，波羅的海三國正嘗試從「防禦示範者」轉型為「安全制度輸出者」，如援助烏克蘭進行文官改革、網路建設與公民教育，將其防禦學理推廣至其他弱勢國家。

這是一種逆勢操作的戰略企圖：即便身為小國，也可憑藉制度實力與國際參與，讓他人相信——你雖小，但不可輕犯；你雖弱，卻值得保護。

■ 第五章　國際聯盟與小國戰略：全球防禦網絡的重塑

第五節
小國求生術：
瑞士、芬蘭與臺灣的戰略配置

我們或許不能選擇鄰居，但我們可以選擇準備的方式。

一、小國不等於弱國：存續邏輯的三種模式

小國往往在國際關係中扮演被動角色，然而，面對強權擴張與衝突威脅，有些小國卻能透過制度設計、全民動員與外交靈活性，成功避免戰爭、延續主權，甚至在危機中贏得國際認同。

本節所探討的瑞士、芬蘭與臺灣，雖地理環境、政治制度與歷史脈絡各異，卻皆處於戰略交會之地、面臨潛在武力威脅。三國的共同命題是：如何在軍事無優勢的條件下，創造可持續的國家安全結構？

他們各自發展出一套小國存續邏輯——

- 瑞士：以「武裝中立」為制度主體；
- 芬蘭：透過「韌性社會」與「全民國防」落實戰略堅持；
- 臺灣：於外交孤立下，建立「科技韌性」與「民間備戰」體系。

這三種策略，不僅是應變，更是對現代非對稱戰爭與聯盟不確定性的回應。

二、瑞士的武裝中立：從高山堡壘到國防文化

瑞士位處歐洲核心，自拿破崙戰爭後即奉行永久中立政策，並於第一次世界大戰後獲國際法承認。該國雖未參與兩次世界大戰，卻長期維持強大國防體系與全民備戰制度。

其戰略邏輯有三：

- 中立不等於無防備：瑞士實行普遍徵兵制，每位成年男性須服役並定期接受訓練，軍備配置依據「全民可上戰場」設計，常備兵僅數萬，後備動員力逾 20 萬。
- 高地防禦戰略：地形優勢轉化為軍事優勢，阿爾卑斯山區遍布地下堡壘、武器倉儲與防空設施。冷戰時期，全國建設超過三千處核戰掩體與交通要道爆破點，形成「戰略難以征服」的國防設計。
- 全民國防文化：學校教育重視防衛意識，國內媒體普遍支持中立與軍事自衛政策。瑞士國防部多年來舉辦「民兵民主論壇」，強調防衛為國家生存之「文化責任」。

瑞士的中立非被動，而是一種高度制度化的戰略選擇，使其在多次歐陸危機中保持主權與和平。

三、芬蘭的韌性社會：從邊界防線到社會總動員

芬蘭與俄羅斯接壤達 1,300 公里，歷史上曾多次與蘇聯交戰。最著名的是 1939 年的「冬季戰爭」，芬蘭以少勝多，透過地形、氣候與游擊戰術

第五章　國際聯盟與小國戰略：全球防禦網絡的重塑

拖住蘇軍，使其付出高昂代價。

該戰役奠定芬蘭戰略文化三大支柱：

- 全民備戰體制：保留義務兵役，並透過學校、企業與公民組織建立「韌性訓練系統」。全民可使用應急補給包，政府設有緊急通訊網與資訊備援計畫，確保國家運作不中斷。
- 外交多邊化：芬蘭過去奉行「軍事非結盟」，2022 年因俄烏戰爭改變政策，正式加入北約，但其外交策略仍保持「平衡對話」，避免過度挑釁鄰國，同時加強與瑞典、波羅的海國家軍事合作。
- 認知防衛與媒體教育：芬蘭強化社會面對資訊戰的抵抗力。全國媒體與政府協作建立「假訊息辨識平臺」，並在課綱中加入媒體識讀與心理韌性教育。

芬蘭並不幻想戰爭不會來，而是預設其「遲早會來」，因此將防禦與生活整合，形成一種「社會戰時常態化」的準備文化。

四、臺灣的科技韌性與不對稱備戰

臺灣地處西太平洋第一島鏈中樞，長期面對來自中國的武力威脅。由於外交承認有限與地緣孤立，臺灣發展出一套結合科技優勢、社會動員與國際合作的特殊防衛結構。

其戰略配置包括：

第五節　小國求生術：瑞士、芬蘭與臺灣的戰略配置

- 矽盾理論（Silicon Shield）：臺灣為全球最關鍵半導體製造基地（尤其台積電），此產業成為美國、日本與歐洲國家關注臺灣安全的重要戰略理由。臺灣藉此強化國際連結，使其安全問題被全球產業系統牽動。
- 不對稱作戰發展：面對中國壓倒性軍力，臺灣以「刺蝟戰略」為核心，強化海岸防衛、游擊飛彈、無人機作戰與分散式指揮體系，避免集中設施成為攻擊焦點。
- 民防制度重建：2022 年起政府與民間團體合作推動「全民國防手冊」、社區緊急應變訓練與開源偵查教育（OSINT）。例如「黑熊學院」、「壯闊台灣聯盟」等組織皆致力推廣民眾災變與戰爭時期自我保護知識。

臺灣的「小國求生術」在於：將科技優勢轉化為戰略話語，並於有限空間內強化民間參與，使全社會成為一座流動堡壘。

五、制度韌性的未來：從軍事思維到社會設計

瑞士、芬蘭與臺灣代表三種不同的小國防衛模式，但共同之處在於：

- 制度即防線：防衛不止於軍備，更是組織、教育、通訊與社會信任的組合；
- 準備即嚇阻：敵人會考慮攻擊代價，一個預備充分的小國可形成「心防威懾」；
- 靈活即安全：在不確定的世界，小國不應追求絕對穩定，而是維持高度靈活與轉化能力。

■第五章　國際聯盟與小國戰略：全球防禦網絡的重塑

　　在全球安全格局碎裂化的今日，這些小國經驗提供一項關鍵啟示：存活不僅仰賴強權保護，更須仰賴自我制度的完整性與文化的堅定信仰。

　　未來的戰爭不再是疆域的爭奪，而是制度的競賽。而小國能否生存，關鍵不在面積，而在於他們如何思考自己在衝突中的角色──是等待他人援助的棋子，還是擁有主動策略的參與者。

第六節
聯合國與集體安全的功能轉型

聯合國不是為了帶來天堂，而是為了阻止地獄。

一、集體安全的設計初衷與冷戰困境

聯合國成立於 1945 年，原意在於以國際制度架構取代戰爭解決爭端的邏輯。其憲章第七章授權安理會得以採取制裁、武力等手段維持或恢復國際和平，形成所謂「集體安全」體系。

集體安全的核心理念為：「任何對和平的威脅，都是對全體會員的威脅。」此邏輯假設國際社會可共識地認定侵略者並動員反制。然而冷戰的兩極對立使此理念難以實踐，安理會五大常任理事國（美、俄、中、英、法）之否決權成為制度瓶頸，導致多次重大衝突無法有效干涉。

韓戰是罕見例外，美方趁蘇聯抵制會議之際通過出兵決議。但從匈牙利革命、越戰至阿富汗入侵，聯合國多數淪為道義譴責平臺。冷戰結束後，儘管希望重燃，但隨即爆發的盧安達種族屠殺與波士尼亞內戰，再次暴露聯合國在行動力與預警能力上的嚴重落差。

■ 第五章　國際聯盟與小國戰略：全球防禦網絡的重塑

二、後冷戰的實踐試煉：從波斯灣戰爭到烏克蘭危機

1990 年代初期波斯灣戰爭成為聯合國集體安全體系的「黃金時刻」。聯合國通過對伊拉克侵略科威特的制裁與軍事干涉決議，美國主導的多國部隊在聯合國授權下執行任務，被視為集體安全原則首次全面實踐。

然而好景不長。2003 年美國繞過安理會發動伊拉克戰爭，使聯合國集體安全再度面臨合法性危機。之後敘利亞內戰與葉門衝突中，安理會多次因中俄與西方對立無法通過關鍵行動，僅能提供人道援助與低層級聲明。

2022 年俄羅斯入侵烏克蘭更揭示安理會結構性癱瘓：俄羅斯作為常任理事國即使為侵略方，仍可否決對自身的不利決議。儘管聯合國大會緊急特別會議表決譴責侵略行為，然該決議並無強制效力，對戰局實際影響有限。

此一困局突顯：集體安全的合法性與執行力，正被地緣政治現實架空。

三、制度性瓶頸與改革難題：否決權與代表性失衡

聯合國制度設計的最大瓶頸即在於常任理事國的否決權。雖然設計初衷是為避免強權間直接衝突，但現實卻是：否決權已成為強權維護自身行為合法性的政治工具。

近年改革呼聲漸高，主要聚焦以下幾項制度性問題：

■ 否決權濫用：呼籲限制常任理事國在人道危機與大規模違法侵略行為上的否決權使用；

- 代表性失衡：非洲、拉丁美洲與南亞等區域在安理會中嚴重代表不足，改革方案建議增設印度、巴西、南非等區域大國為常任或非常任理事國；
- 靈活應變不足：安理會決策流程冗長，缺乏應對突發戰爭、網路攻擊與疫病威脅的快速機制。

然而，任何實質性改革都需現有五大常任理事國一致同意，形成制度自我否決的「悖論困境」：需要改革者即是改革障礙者。

四、集體安全的功能轉型：從「出兵」到「架構」

面對制度癱瘓與權力賽局，聯合國集體安全機能逐漸出現「實質轉型」：從直接軍事干涉，轉為制度性架構維持與多邊合作平臺角色。這種轉型包含：

- 和平維和任務（Peace-keeping Operations）角色再定義：從傳統監督停火轉向民間保護、災後重建與政治對話協調；
- 人道主義介入先行：如敘利亞、蘇丹與烏克蘭地區聯合國難民署（UNHCR）、世界糧食計劃署（WFP）與國際勞工組織的介入成效高於政治層面；
- 區域架構整合機制：聯合國與非盟、歐盟、東協等建立合作框架，在地執行安全任務由區域組織承擔，聯合國提供法理背書與資源支持；
- 預警與資訊機制強化：設立戰爭犯罪早期預警網、資料蒐集平臺與國際刑事法院配合強化追訴機制，提升制度存在感。

■第五章　國際聯盟與小國戰略：全球防禦網絡的重塑

　　這些轉型方向雖無法替代傳統出兵任務，卻顯示聯合國正從「安全行動主體」轉型為「制度黏合劑與風險協調者」。

五、未來的集體安全：重構原則或多元體系並行？

　　聯合國面對的是一個不再由單一威脅所主導的世界。從傳統侵略戰爭，到資訊戰、能源脅迫、生物危機與氣候衝突，集體安全概念若無法延展到這些新型戰爭空間，終將失去現代功能。

　　面對挑戰，未來的制度發展可能出現以下三種模式：

- 聯合國內部重構：改革安理會結構，增設常任理事國、限制否決權，建立危機快速應變機制；
- 集體安全外包化：聯合國授權北約、非盟、東協等區域組織執行安全任務，扮演法理仲裁者與後勤支援者；
- 雙軌體系共存：聯合國維持象徵性與道義位階，實質安全由以價值或地緣為基礎的「選擇性聯盟」（如 AUKUS、Quad）主導。

　　長遠而言，若聯合國無法擺脫制度性癱瘓，其「集體安全」理念將淪為歷史性的象徵遺產，而不再具有現實治理能力。集體安全若要重生，必須先承認：安全早已不是過去的樣子，而制度也不能只回應過去的想像。

第七節
烏克蘭戰後援助體系：
如何建立可持續的防禦網

真正的勝利，不只在於驅逐敵軍，而是能否建起一個不再需要戰爭的國家。

一、從抵抗到重建：防禦網絡的制度延伸

自 2022 年俄羅斯全面入侵以來，烏克蘭展現出超乎預期的軍事與社會韌性。在北約、美國與歐盟等國家支持下，烏克蘭軍隊成功捍衛多個戰略據點，並逐步展開反攻。隨著戰事進入長期化階段，國際社會開始思考：如何將戰時援助轉化為可持續的防禦體系與制度重建工程？

烏克蘭戰後援助的目標不只是經濟重建，更是打造一個具有持久防衛力、制度穩定性與國際連結力的現代國家。這要求一套全方位架構，涵蓋：

- 軍事力量的常態化訓練與技術升級；
- 國防工業的自主生產與供應鏈安全；
- 公共基礎建設的安全設計；
- 社會韌性與資訊戰防線的制度化；
- 長期援助的監督機制與融資模式。

第五章　國際聯盟與小國戰略：全球防禦網絡的重塑

烏克蘭正處於從「抵抗國家」轉向「防禦國家」的過渡期，其成功與否將成為 21 世紀小國防衛典範的試金石。

二、多軸軍援轉型：從即時支援到制度化合作

戰爭初期，烏克蘭主要依賴西方國家提供的武器與軍事裝備，包括美製「海馬斯」火箭系統、德國「豹 2」戰車、英國反裝甲飛彈與波蘭提供的裝甲運輸車等。

然而，這類即時性援助形式無法支撐長期安全。自 2023 年起，援助體系開始轉型，重點落在：

- 訓練合作制度化：北約在波蘭與英國設立烏克蘭軍事訓練中心，導入北約戰術標準，提升軍官指揮力與跨部隊協調能力；
- 國防工業合資計畫：烏克蘭與德國、捷克、土耳其等國防企業簽訂長期合資協議，在基輔與利維夫設立彈藥、無人機與防空系統工廠；
- 援助透明平臺：與歐盟合作建立追蹤系統，讓所有援助金流、用途與受益地區數位公開，提高援助的信任度與效率。

透過這些轉型措施，烏克蘭不再只是接受援助的對象，而是逐步成為「自我建設型盟友」的成員。

三、韌性社會與安全城市：從民防到結構性防禦

戰爭不只摧毀軍事基地，也深刻影響平民生活與城市運作。烏克蘭為提升長期社會防衛力，正大規模推動「韌性社會」重建工程，主要方向包括：

- 安全型城市建設：在重建市鎮過程中導入地下疏散通道、分散式電網、強化通訊設施與自主供水系統，使城市能在遭受攻擊後迅速恢復功能；
- 數位民防制度：發展「Diia」政府數位平臺整合民眾災害通報、防空警報、緊急庇護查詢與數位身分備份，使平民具備快速因應能力；
- 公民戰時教育：中學與大學課程加入戰時急救、心理韌性、資訊識讀與災害規劃，並與非政府組織合作推動社區民防演習，建立「全民戰備文化」。

這些改革的核心理念在於：一個能在被攻擊後迅速恢復運作的社會，就是最好的防禦力量。

四、制度化援助機制：防止「援助疲乏」的國際合作設計

戰爭初期的援助熱潮通常難以長期維持，特別當西方社會面臨通膨、選舉與能源壓力時，「烏克蘭疲乏症候群」成為政策風險之一。為延續國際支持，烏克蘭與其盟友採取以下制度策略：

■第五章　國際聯盟與小國戰略：全球防禦網絡的重塑

- 跨年度承諾制度：歐盟通過「烏克蘭設施計畫」（Ukraine Facility），2024～2027 年預留 500 億歐元援助額度，明確分階段釋放，避免短期政治變動影響援助連續性；
- 公共－私部門夥伴模式：邀請波音、殼牌、施耐德電機等企業參與基礎建設與能源設施重建，形成商業回報與安全價值兼具的投資模式；
- 以援代戰略部署：美國與北約強調「支持烏克蘭即是保衛歐洲秩序」，將援助正當性提升至全球戰略穩定層級，爭取民意持久支持。

這些制度設計強調：援助不是短期行善，而是集體安全的延伸性投資。

五、戰後安全體制與國際地位再建：一個新烏克蘭的戰略定位

未來的烏克蘭若欲真正擺脫反覆戰爭威脅，必須在國防體制之外，重構其國際地位與安全機制。目前討論中的方案包括：

- 「北約加強夥伴計畫框架下的烏克蘭協議」：不具正式入盟資格，卻擁有部隊整合、標準同步與演訓共享機制；
- 烏克蘭安全援助倡議：類似美以或美韓模式，建立長期軍事援助、基地使用與危機聯合應對條款；
- 多邊安全承諾框架：由 G7、北約核心國與歐盟共同簽署的安全保障協定，保障烏克蘭主權與領土完整；

- 綜合安全韌性網路：結合軍事、經濟、能源、資訊與法律的多軸防衛體系，讓烏克蘭即便不加入北約，也可擁有等同保護力的實質安全網。

最終，烏克蘭的成功將來自於一個基本邏輯：不靠一次勝利保住和平，而靠制度的多層延伸維繫主權的可持續。

第五章　國際聯盟與小國戰略：全球防禦網絡的重塑

第六章
經典軍事理論的當代啟示：
從孫子到博伊德

第六章　經典軍事理論的當代啟示：從孫子到博伊德

第一節
《孫子兵法》與非對稱作戰應用

「上兵伐謀，其次伐交，其次伐兵，其下攻城。」——《孫子兵法》

一、古法新解：兵法智慧如何轉化現代戰略

　　《孫子兵法》作為東方兵學的經典，不僅在中國歷代軍事思想中占據核心地位，更在近現代戰略實踐中展現出驚人的生命力。尤其在面對不對稱戰爭——即小國對抗強國、弱勢部隊對抗正規軍時，《孫子兵法》的靈活策略、智謀優先與全局視野，提供了別於西方傳統軍事思想的操作框架。

　　孫子強調「知彼知己，百戰不殆」，意指勝利來自於準確掌握敵我實力與環境變化。這種「資訊優勢」的思想，與今日戰場上對情報、監控與數位偵察的重視不謀而合。同樣地，孫子主張「兵貴勝，不貴久」，預示著戰爭不應曠日持久，而應以速戰速決、攻其不備為優。這種理念與現代小規模精準打擊策略形成呼應。

　　尤其在現代非對稱戰爭中，小國與游擊組織面對火力壓倒性優勢的強國軍隊，若一味正面對抗無異自尋死路，反之運用孫子「避實擊虛」、「以正合，以奇勝」等策略，反而能以少勝多，創造不可預測之勝勢。

第一節 《孫子兵法》與非對稱作戰應用

二、現代戰場：《孫子兵法》與游擊戰的再現

若要理解《孫子兵法》在當代如何實踐，阿富汗戰爭是一個典型案例。美國自2001年出兵阿富汗，推翻塔利班政權後，便陷入長期游擊戰泥淖。塔利班雖軍事裝備落後，卻善用地形、村落網絡與社會結構，採取「打了就跑」、「白天是農夫、晚上是戰士」的游擊戰術，消耗美軍士氣與後勤，最終在2021年重掌政權，形成經典的非對稱逆襲。

塔利班策略即深刻展現《孫子兵法》之精神。他們不以武力硬碰硬，而是以心理與耐力博弈；不在正面戰場求勝，而在政治、文化與時間中尋求主導權。他們理解戰爭是一場「全域對抗」，不只在軍事上交鋒，更在資訊、民心、國際輿論與外交等場域進行較量。

這也證明孫子所說的「全勝之道」非在於摧毀對方，而是讓對方在不知不覺間失去作戰意志。塔利班並非直接消滅美軍，而是使其疲於奔命、目標模糊、國內輿論轉向，最終使美國選擇撤軍。

三、資訊與謀略：孫子思想的科技化演進

進入二十一世紀，資訊科技成為戰場核心資源，孫子強調的「先知」與「間諜之道」在今日則轉化為數位偵察、網路情報、社群媒體輿情掌控等形式。例如：以色列國防軍（IDF）在與哈瑪斯的衝突中，依賴大量的監控科技、空中偵查與人工智慧分析，對敵方基地與指揮結構進行高精度打擊。

這種策略呼應了孫子對「速戰」與「主動權」的高度重視。透過情報與

■第六章　經典軍事理論的當代啟示：從孫子到博伊德

技術手段的「超前部署」，可在衝突爆發前先行干涉，或在敵方尚未反應時迅速壓制。例如 2021 年加薩衝突期間，以色列即運用 AI 演算分析哈瑪斯火箭發射據點，進行針對性空襲，力求以最低代價快速解除威脅。

然而，這也突顯出另一項《孫子兵法》中的智慧——「勝可知，而不可為」。即便擁有技術優勢與精準打擊能力，若無法獲得民心、穩定戰後秩序，最終亦無法換取戰略勝利。現代戰場非僅靠硬體，更是軟實力與長期策略的競逐場。

四、戰略文化對比：東方智慧的反差力量

孫子強調「不戰而屈人之兵」的理念，與西方戰略文化中的「決戰中心」思維有本質差異。西方戰略多強調以戰爭決定勝負，追求「戰場的決定性勝利」，如克勞塞維茲的重心理論。但孫子兵法重視全局考量，強調戰前部署與敵人心理的瓦解，主張以最小代價達成最大效益。

這種差異在現代非對稱戰爭中尤為明顯。以烏克蘭戰爭為例，面對俄羅斯重裝部隊，烏克蘭軍隊並未正面決戰，而是採取靈活防禦與彈性反擊策略。他們運用小部隊行動、無人機攻擊與戰術欺敵等方式，模糊敵我界線、打亂俄軍節奏，實現「以奇勝正」之孫子兵法思想。

同樣，臺灣在國防思維上的「刺蝟戰略」，也是典型的孫子式防衛哲學。其核心不在於全面對抗，而是藉由散布打擊點、難以預測之反擊能力，使敵方無法計算入侵代價，進而達成嚇阻效果。

五、國際案例：孫子兵法的全球影響力

不僅亞洲，孫子兵法在全球戰略界亦被廣泛研讀與引用。美國陸軍戰爭學院將《孫子兵法》列為必讀教材之一，並在伊拉克與阿富汗戰略設計中多次引用其原則。美國前國防部長詹姆士·馬提斯即曾公開表示：「若你讀了孫子兵法，你便不會輕易把部隊派入困難的泥沼。」

此外，在企業競爭、外交談判、甚至心理戰中，《孫子兵法》也被廣泛應用。例如在美中科技戰爭中，雙方運用間接手段、經濟制裁、供應鏈斷鏈與國際合作等多重策略，正是「以謀伐交、以計攻心」的現代版本演繹。

六、重新理解：兵法在 21 世紀的意義

進入 AI 與網路全面滲透的時代，戰爭型態越趨複雜，但《孫子兵法》的本質智慧卻益加重要。無論是如何建構戰略優勢、運用有限資源、削弱敵方意志、爭取國際支持、或在資訊戰中占上風，其核心都仍可從孫子兵法中尋得線索。

「上兵伐謀」在 21 世紀的語境下，意味著先於戰爭的資訊控制、心理操縱與國際輿論籌劃。「其次伐交」則是透過外交、聯盟與經濟封鎖的方式打擊對手。「其次伐兵」、「其下攻城」則是當所有其他手段失效時，才動用武力，這正是現代軍事手段「最後手段」的策略思維來源。

第六章　經典軍事理論的當代啟示：從孫子到博伊德

古兵法的現代身影

孫子兵法的魅力，並非只在於古文句式或東方思維的優雅，而在於其對於「不對稱優勢」、「心理先機」與「系統性勝利」的深刻理解。當代戰爭的多樣與模糊，更加證明《孫子兵法》不是過時的典籍，而是持續進化的實戰指南。正因如此，非對稱作戰中的每一次勝利，都是對這部古代兵書最有力的現代註解。

第二節
《戰爭論》的摩擦、重心與政治連結：
從俄烏戰爭解析戰爭本質與戰略焦點

戰爭無非是政治以另一種手段的延續。

一、理論根基：摩擦與重心的戰場邏輯

在《戰爭論》中，克勞塞維茲將戰爭視為一種複雜且無法完全理性掌握的現象。他的三個核心觀念：摩擦（Friction）、重心（Schwerpunkt）與政治目的與軍事手段的連結性。其中，「摩擦」指的是理想計畫與現實執行之間不可預測的阻力；「重心」則是一場戰爭中最關鍵的敵方力量中心；而戰爭與政治的關係則是理解一切軍事行動的出發點。

這些概念，在二十一世紀的俄烏戰爭中重新被檢驗並具體化呈現。無論是俄軍的閃電戰失敗，還是烏克蘭軍的戰略反攻，背後皆可見這三大理論交織的實踐痕跡。

二、閃電戰的失靈：摩擦如何打碎計畫

2022 年 2 月 24 日，俄羅斯發動全面入侵烏克蘭，根據情報資料與戰後分析，其原始目標是「三日內攻占基輔」。此一計畫建基於俄軍壓倒性

■第六章　經典軍事理論的當代啟示：從孫子到博伊德

軍力與政治層級誤判：普丁政府認為烏克蘭社會將迅速瓦解，澤倫斯基政府會逃離，西方將無力干涉。

但實際上，俄軍很快陷入克勞塞維茲所說的「摩擦」漩渦。首先是戰場指揮系統混亂，俄軍部隊分批突進卻缺乏後勤協調與情報更新，使得大量戰車與裝甲車在車隊堵塞中成為烏軍標靶；其次是社會抵抗超出預期，烏克蘭平民不僅未崩潰，反而組織民兵、參與資訊戰，強化了軍民一體的防衛韌性。

「摩擦」在此不只是技術性失誤，而是整個戰略預期與真實地面操作之間的系統性落差。克勞塞維茲認為，真正優秀的將領與戰略家不是擬定完美計畫，而是能在摩擦中快速調整、保持目的明確。而普丁與俄軍高層正是在這點上顯得脆弱無力。

三、誰是重心？模糊戰場中的力量焦點轉移

在《戰爭論》中，克勞塞維茲的概念：「欲擊敗敵人，必先摧毀其重心」。過去重心多半是軍事力量主體（如主力部隊、首都），但在現代戰爭中，重心往往分散於政治領導意志、資訊戰場與國際聯盟系統之中。

俄烏戰爭初期，俄方重心設定為「斬首澤倫斯基政府」，以瓦解政治中心達成戰略目標。然而澤倫斯基不但未撤離，還日夜透過社群平臺進行全球演說，成功將「政治重心」轉化為國際團結的象徵。這使得俄方無法摧毀「政治重心」，反而讓澤倫斯基成為國際支持的核心。

同時，烏克蘭也藉由靈活的戰術行動，例如赫爾松與哈爾科夫的反攻，成功轉移俄軍注意力，破壞其補給線與指揮節點。這些舉動不是單純

第二節 《戰爭論》的摩擦、重心與政治連結:從俄烏戰爭解析戰爭本質與戰略焦點

攻擊某一目標,而是打擊其「整體戰力運作焦點」——即現代戰爭中新的「重心」。

而在資訊層面,烏克蘭利用社群網路戰塑造強烈輿論共識,使得全球輿論站在其側,反過來限制了俄羅斯的戰術選擇空間。當戰爭不再只是戰車與飛彈的對抗,而是媒體與敘事的較量時,重心的多元性與變動性,正是當代戰場的真實寫照。

四、戰爭即政治:錯配導致戰略癱瘓

克勞塞維茲最為人所知的論點是:「戰爭是政治的延伸」。這句話在俄烏戰爭中有兩種對照式展現——俄羅斯的戰略錯配與烏克蘭的戰略整合。

俄羅斯的戰略錯配來自於政治目標與軍事手段的落差。普丁的目的是重塑蘇聯勢力圈、打擊西方擴張,但手段卻是透過有限軍力發動全面戰爭,結果導致成本遠超預期、國內經濟受創、外交孤立加劇。政治過度冒進,軍事準備卻未跟上,使得戰爭無法服務於政治,而是反噬其原始目標。

相對之下,烏克蘭的戰略整合反而更貼近《戰爭論》的精神。他們以「保衛國土」為核心政治目標,並透過軍事、外交、資訊與國內政策手段同步展開。政治與軍事互為工具,建立了持久的戰爭動員機制,成為小國應對侵略的典範。

這也提醒我們:當軍事行動與政治意圖脫節時,戰爭不僅失效,反而可能成為政治毀滅的導火線。

■第六章　經典軍事理論的當代啟示：從孫子到博伊德

五、從克勞塞維茲出發的未來戰爭思維

在俄烏戰爭的鏡像中，克勞塞維茲的理論再度展現了跨時代的預見性與適用性。他並未提供萬用公式，而是建構一種思考架構——讓戰略家能在混沌中抓住本質，在行動中保持方向。

現代戰爭的摩擦，不只是補給中斷或指令延遲，更包括網路斷訊、媒體失控、社群假訊息的滲透；重心不再是單一建築或軍團，而可能是一位領袖、一組國際制裁系統或一條光纖通訊網；而政治與戰爭的關係，更加緊密，卻也更加危險，因為一旦失控，代價不再只是疆界，而是全球秩序的震盪。

今日，無論是臺灣的防衛策略設計、北約在東歐的布局、或亞洲地區的多邊安全架構研議，都不可忽略《戰爭論》所揭示的核心命題：戰爭從來不是單純的軍事問題，而是政治理性的極限挑戰。

經典的回音，在戰火中再度響起

在俄烏戰爭的前線與外交舞臺之間，《戰爭論》的理論不再只是紙上談兵，而是指引當代戰略思維的羅盤。無論是面對混沌的摩擦、模糊的重心，還是錯綜的政治連結，克勞塞維茲的聲音，正以更加深刻的方式，在二十一世紀戰爭中重現其重量與意義。

第三節
約翰・博伊德的OODA循環與指揮系統設計：速度、適應與決策優勢的爭奪戰

勝利者不是反應最快的人，而是最能不斷重塑現實的人。

一、OODA循環的誕生：從空戰到戰略的通用語言

美國空軍上校約翰・博伊德（John Boyd）原是一名戰鬥機飛行員，他在韓戰與冷戰期間反覆思索「為何某些飛行員能在極短時間內占據上風？」並在此基礎上提出OODA循環理論——即觀察（Observe）－調整（Orient）－決策（Decide）－行動（Act）。

這一概念最初應用於空對空作戰，後來被延伸至整體戰略設計與國防指揮系統思維。OODA並非單向流程，而是重複循環，核心在於：加速決策與行動週期，使敵方無法適應，最終崩潰其思維模式與作戰節奏。

博伊德認為，戰爭不在於力量的絕對大小，而在於「誰能更快適應現實並干擾對手的反應」。這一理論對後來美軍的決策流程、聯合作戰架構、反應部隊部署都有深遠影響。

■第六章　經典軍事理論的當代啟示：從孫子到博伊德

二、指揮系統的變革：
OODA 與任務式指揮（Mission Command）

冷戰後，美國軍方逐漸將博伊德的理論導入「任務式指揮」的制度設計中，即不再仰賴自上而下的命令控制，而是強調下級指揮官對意圖的理解、自主決策與行動彈性。

例如：在伊拉克戰爭與阿富汗反恐作戰中，特種部隊常在無法即時與中央通聯的情況下，依據大方向自主判斷。這一策略的成敗關鍵不在於是否擁有絕對火力，而在於是否能迅速進入 OODA 循環、理解情勢並先一步做出有效行動。

2011 年美軍擊斃賓拉登的「海神之矛行動」即是 OODA 思維實踐的範例。從情資蒐集到突襲規劃，再到夜間行動的即時應變（如直升機墜落後改變進入路線），整體作戰流程展現出快速觀察、即時判斷與靈活行動的高度整合。

三、OODA 在俄烏戰爭中的對照實踐

在 2022 年爆發的俄烏戰爭中，OODA 循環的應用與失衡成為雙方勝敗差異的重要關鍵。

俄軍在戰爭初期呈現出高度集中指揮、低效率回應的體系特徵。例如：部隊需依賴莫斯科下令才能移動或調整目標，而情報回饋遲緩，導致即便掌握烏克蘭防禦弱點，也無法及時修正行動方向。其「觀察」與「判斷」時間過長，造成「決策－行動」遲滯，落入戰略被動。

第三節　約翰·博伊德的 OODA 循環與指揮系統設計：速度、適應與決策優勢的爭奪戰

相反地，烏克蘭軍隊則依賴去中心化指揮系統與即時數位通訊工具（如 Starlink），大幅縮短指揮層級，讓前線部隊能根據態勢快速判斷並行動。例如 2022 年哈爾科夫反攻時，烏軍部隊僅在數天內完成兵力重組、突破防線並奪回多個城鎮，展現出極高的 OODA 循環效率。

這一差異也使俄軍陷入「觀察－反應」的不斷滯後循環中，最終導致戰略慘敗，甚至出現部隊潰逃的情形。

四、決策優勢即戰略優勢：OODA 如何影響組織運作

OODA 循環的意涵已超出軍事範疇，成為複雜系統中應變力的核心指標。在軍事組織內部，它轉化為三個改革面向：

- 扁平化指揮架構：減少命令傳遞層級，讓資訊流與決策鏈更直接，提升反應速度。
- 資訊優勢建構：如美軍 C4ISR 系統（指揮、控制、通訊、電腦、情報、監視與偵察）即為 OODA 的「觀察－判斷」提供數位支撐。
- 文化與訓練變革：從「聽命行事」轉為「主動判斷」，打造能在不確定中主動行動的作戰文化。

反之，若一個組織無法內化 OODA 邏輯，將在資訊爆炸與節奏競爭的現代戰場上無法生存。克里米亞戰役中俄軍的迅速成功，與烏克蘭戰爭初期俄軍的失敗，即展現出「同一軍隊、不同體系」所導致的行動落差。

■第六章　經典軍事理論的當代啟示：從孫子到博伊德

五、OODA 與未來指揮體系的建構

在 AI 與自動化作戰愈趨普及的時代，OODA 循環的重點不再是「人是否能做決定」，而是「系統能否協助快速判斷與部署行動」。美國與盟軍正在發展稱為 JADC2（Joint All-Domain Command and Control）的跨軍種指揮系統，目標即在建立「超級 OODA」，讓所有陸、海、空、網、太空部隊能在數秒內共同感知情勢、同時回應。

烏克蘭也在北約協助下建構以「多層感測－分散決策－整合行動」為基礎的新型指揮體系，期能在戰後轉型為一支具有現代快速反應能力的專業軍隊。

同時，OODA 理念也被導入民防、資訊防禦與城市安全中。當一個社會能在危機來臨時迅速觀察災害、判斷風險、調動資源、執行行動，它也就是一個具備「國家層級 OODA」的韌性社會。

快與慢之戰：決策週期才是勝負的真正邊界

在未來戰爭中，決定勝負的不再僅是飛彈數量或戰車噸位，而是誰能在資訊爆炸與多維威脅中維持清晰的觀察、快速的判斷與果斷的行動。OODA 循環不只是軍事術語，而是一種全局思維架構，是在混亂時代中，最強大的秩序生成技術。而戰爭的本質，也將轉化為「週期的競賽」。誰能縮短 OODA，誰就能主宰未來。

第四節
馬漢與海權思維的重返：
印度洋競逐中的地緣掌控與國力外化

誰掌握海權，誰就掌握全球命運的脈動。

一、海權理論的歷史脈絡與核心主張

美國海軍戰略家馬漢（Alfred Thayer Mahan）於 1890 年出版的名著《海權對歷史的影響 1660～1783》提出：「國家力量的關鍵，在於能否掌控制海權。」他認為海權包括三大支柱：商業航運的安全、戰略港口的控制、與現代海軍力量的建構。

馬漢的理論主張，海洋不只是交通載體，而是地緣控制與經濟命脈的投射平臺。正因如此，歷史上擁有制海權的大國——如英國帝國、美國——得以影響全球秩序，並將國力延伸至海外。

這一思維長期支配美國與西方國家的戰略設計，但在冷戰結束後一度式微。直到進入 21 世紀，尤其是中國海軍擴張與印度洋戰略熱度升高，馬漢式海權理論再度被廣泛引用與重新檢討，成為理解今日「印太戰略」與海上競爭的重要理論工具。

■第六章　經典軍事理論的當代啟示：從孫子到博伊德

二、印度洋：21世紀海權再平衡的關鍵場域

印度洋雖長期未被如大西洋或太平洋般高度軍事化，但自2000年代以來，隨著能源運輸線、海底通訊纜線與貿易路徑集中於此，印度洋成為全球地緣戰略的新核心。

超過70％的中東原油運往亞洲需經由印度洋，約95％的東非與南亞間貿易也仰賴此區海域。中國在此布建「珍珠鏈」(string of pearls)戰略，如在緬甸、斯里蘭卡、吉布地與巴基斯坦建港，目的在於保護其海上生命線，也被視為軍事部署的「雙重用途」布局。

美國與印度則回應以強化雙邊合作、強化印度在麻六甲與荷姆茲海峽之間的制衡能力。馬漢所強調的「決定性海權位置」與「港口連結」思維，在此明確展現。2020年代後，美、印、日、澳透過「四方安全對話」(Quad)與「印太海事合作架構」積極部署區域海上聯盟，意圖在馬漢式戰略主軸上建立集體威懾網。

三、海軍力量與現代港口：誰在打造21世紀的馬漢藍圖？

根據馬漢的觀點，海軍力量的存在價值，在於「保障商業自由」與「投射國家意志」。這種結合經濟與軍事的力量形構，正是今日「雙用港口」與「軍民合一基礎設施」發展的邏輯基礎。

中國投資興建的瓜達爾港（Gwadar, 巴基斯坦）不僅是「一帶一路」下的重要樞紐，也具備戰略深水港潛能；斯里蘭卡漢班托塔港在租賃99年

後，亦被外界質疑可能轉為軍用平臺。這些設施即使尚未轉為基地，但其控制權與服務能力已構成地緣槓桿。

相對地，美國則在迪亞哥加西亞島（Diego Garcia）長期部署潛艦與轟炸機，中國的軍事學界甚至稱之為「印度洋心臟的鐵門」。印度亦在安達曼群島與拉克沙群島強化海空部署，並與澳洲合作進行反潛演訓。這些行動表明：各方皆以馬漢式眼光審視「能否於和平時期便掌握戰時制海的前提條件」。

四、制海權的現代重塑：從航母戰力到海底資訊戰

現代海權競爭不再只以航母與軍艦論高下，還涵蓋數位與資訊維度。馬漢的概念若延伸至今日，等同於「誰能掌控海底電纜、海上資料傳輸與全球物流節點，誰就能主導國際秩序」。

2021年起，印太各國開始重視海底光纖電纜安全，例如日美合作的海底基礎設施安全倡議（Submarine Cable Security Initiatives），便強調建構可防監聽與竊取的跨國資料通道；而中國則強化「數位絲路」布局，將5G基地與海纜節點結合，藉此擴大數位海權。

此外，無人潛航器（UUV）、水下監視系統、與結合海面波譜與溫鹽層數據分析，也正重構「現代制海權」的內涵。這些手段與馬漢所述的「可行性部署」「機動圍堵」概念相互呼應，只是戰場由視線延伸至頻譜，由海面延伸至數據。

■第六章　經典軍事理論的當代啟示：從孫子到博伊德

五、印太與臺海：馬漢思維下的區域推演

　　臺灣作為印太鏈結的關鍵節點，正處於馬漢式地緣戰略思維核心。其位處第一島鏈與東亞能源補給路線交會點，若遭控制將嚴重影響日本、韓國與東南亞的能源與貿易命脈。

　　因此，臺海的和平與開放，是現代「制海權穩定」的前置條件。2024年，美國與日本在南西諸島的聯合演訓即以「防止制海斷鏈」為核心情境；同年，臺灣自主推出海鯤號原型艦，正是希望於水下掌握威懾力，維持在馬漢定義下的「區域反制潛力」。

　　也因此，我們可以看到馬漢的觀點已從學術回到現實 ── 不論是誰在強調海上貿易自由、誰在強化海軍聯盟、誰在掌控島嶼節點，其實都在回應一個百年前的問題：「誰能長期控制海上樞紐，就能控制區域的和平與秩序。」

制海不只是戰艦的事，而是秩序的代碼爭奪戰

　　馬漢的理論雖誕生於 19 世紀，但在 21 世紀的印度洋與臺海周邊，卻展現出驚人的再現力。從港口到網絡、從航母到資料，現代制海權的意涵已大幅拓寬，成為國力外化與戰略自主的核心指標。未來的海上爭奪，將不只靠海軍，而是結合經濟、資訊與盟友架構的綜合對抗 ── 一場全維度的制海競逐，才正要開始。

第五節
富勒與裝甲理論的當代表現：
從閃擊突破到城市韌性戰線

速度、突穿與心理震撼，是裝甲戰的靈魂。

一、裝甲戰的思想先鋒：富勒的戰術革新觀

英國軍事理論家約翰・富勒（J. F. C. Fuller）是 20 世紀初期最具前瞻性的軍事戰略家之一。他於第一次世界大戰末期參與了英軍首度大規模使用戰車的規劃與實施，並在戰後推動一套全新的作戰理念，即：「以裝甲部隊為突破核心，配合機動步兵與空中偵察，達成敵後心理與戰術崩潰。」

富勒批判傳統戰壕戰的僵化與消耗，主張戰爭應該回到「決定性突破」與「戰場速度」的原點。他的理論影響了德國魏瑪時代的軍事改革，也啟發了後來古德里安的閃電戰概念。

但到了 21 世紀，富勒的裝甲戰理論是否仍具實用性？或是否已過時？現代戰場的裝甲應用，如何在無人機、城市巷戰與情報優勢主導的新環境中重新演化？這些問題正透過烏克蘭戰爭與中東地面衝突再次浮現。

■第六章　經典軍事理論的當代啟示：從孫子到博伊德

二、烏克蘭戰場：傳統裝甲的失效與重建

在 2022 年俄烏戰爭初期，俄軍嘗試以戰車與機械化步兵進行「快速推進」，但遭遇嚴重挫敗。數百輛 T-72、T-90 型主戰戰車在基輔郊區遭到標槍飛彈、TB-2 無人機與游擊部隊的伏擊，大量損毀畫面震撼全球軍事界。

這場災難代表著一個明確轉捩點：當戰車不具備空中掩護、電子戰干擾與情報支援，其機動性反成為弱點。換言之，富勒式的「裝甲先鋒」若未嵌入現代綜合作戰體系，就可能被小規模高科技部隊摧毀。

但烏克蘭軍隊並未放棄裝甲戰，而是透過以下三種策略調整裝甲部隊的角色：

- 模組化使用：以小單位（3～5 輛）進行快速支援，避免成群集結遭敵空中偵察辨識。
- 戰場迷彩與機動隱蔽：廣泛應用熱能塗層、偽裝網與地形掩體，使裝甲單位難以被無人機鎖定。
- 裝甲－無人機協同：開發戰場無人機偵測系統與裝甲車火控整合，使其可主動擊落空中威脅。

這些改變顯示：富勒理論中的「衝擊力」概念仍有效，但必須重新定義「速度」與「主動性」的載體。裝甲不再是孤立的鋼鐵洪流，而是作為動態系統的一環，在感知－反應－打擊鏈中發揮新功能。

三、以色列作戰實例：現代裝甲如何打巷戰

2023 年 10 月以色列與哈瑪斯爆發新一輪衝突。以軍在地面反擊作戰中投入梅卡瓦 Mk.4 及其最新型 Barak 版本主戰戰車，但進入加薩市區時，戰車面臨城市巷戰的戰術瓶頸——視野受限、易遭伏擊、行動空間窄小。

為應對此一挑戰，以軍調整裝甲部隊的使用邏輯：

- Roboteam Probot 系列地面無人車與空中無人機即時偵查，打造「360 度視覺泡泡」；
- 將戰車部署於次要道路與防衛樞紐，轉化為「火力塔臺」而非主動衝鋒；
- 與特種部隊小組共行，協助步兵突破防線，感知主導型作戰 (Sensor-Driven Maneuver) 實現「裝甲－步兵－資訊」三角支援網。

這些做法展現了「富勒式穿透」理念的現代變形：不再強調直接貫穿，而是以精準火力支援與彈性配置，創造「心理與節奏上的突破」。在資訊主導的戰場中，真正的速度來自感知與預判，而非車速。

四、科技演進中的裝甲角色再定位

富勒生前強調「技術會重構戰場節奏」，而今天這句話再度成立。裝甲單位已逐漸成為複合任務平臺，未來方向包括：

- AI 控制模組導入：以 AI 判斷是否接戰、何時轉移、是否偽裝，減少人為誤判與反應遲緩；

■第六章　經典軍事理論的當代啟示：從孫子到博伊德

- 電磁干擾與反無人機系統整合：提升裝甲在「資訊爭奪」環節的生存力；
- 多載具協同模擬訓練：在虛擬實境中進行戰車－無人機－電子戰的整合演練，提高部隊整體節奏一致性。

這些趨勢代表著富勒式機動理論的再進化：不再依賴單一載具之破壞力，而是將裝甲單位視為機動指揮節點、節奏管理工具與火力整合平臺。

五、小國的裝甲學：從嚇阻到回應的靈活應用

臺灣與波羅的海三國等小型國家，近年在地面戰略中重新思考裝甲的角色。與其建立一支「大規模裝甲部隊」，這些國家更傾向：

- 發展輕型輪式裝甲車配備導引飛彈載具（ATGM）與防空模組；
- 培養「機動反擊單位」，可快速部署於交通樞紐或城市邊緣進行阻截；
- 建立裝甲－無人機複合演訓體系，形成對入侵部隊的「高強度局部打擊圈」。

這些模式不再以「裝甲正面衝突」為想像，而是將富勒的理念拆解成一種「節點機動論」，在戰場上製造心理與空間的空隙，使敵人進退失據。

第五節　富勒與裝甲理論的當代表現：從閃擊突破到城市韌性戰線

鋼鐵洪流的再進化：富勒思想在 21 世紀的脈動

富勒的裝甲理論並未過時，它只是經歷了一場巨大的轉型。在感知決定火力、資料主導節奏的戰場上，裝甲已不再是突破的全部，但依舊是勝利的關鍵節奏節點。當裝甲與無人機、AI、資訊流融合，富勒筆下的「快速心理衝擊」將以全新形式重現。而真正理解裝甲戰本質的軍隊，將不再追求戰車數量的絕對優勢，而是掌握行動節奏與壓迫空間的主導權。

■第六章　經典軍事理論的當代啟示：從孫子到博伊德

第六節
李德哈特的間接路線與現代閃電戰爭：避實擊虛的戰略新演繹

真正的勝利，不在於強攻敵人正面，而在於使敵人無法作出有效反應。

一、間接路線理論：從戰術技巧到戰略哲學

英國軍事理論家李德哈特（B. H. Liddell Hart）於第一次世界大戰後，深感傳統正面強攻戰術的高昂代價，提出了著名的「間接路線」（Indirect Approach）理論。他認為，歷史上偉大的勝利，多源於出奇制勝、攻敵無備、引敵誤判，而非正面硬碰硬。

李德哈特的概念：「戰爭的藝術，不在於直接擊敗敵人的力量中心，而在於使其抵抗意志瓦解。」這種思維，既是對第一次世界大戰壕溝消耗戰的反省，也是對未來戰場靈活性、心理壓力與機動速度的新定義。

間接路線強調兩大核心：

- 心理上的包抄：使敵人感知到自身被包圍或被削弱，從而自我崩潰；
- 空間上的繞擊：以靈活路線避開敵人防守最堅固處，打擊其脆弱地帶。

第六節　李德哈特的間接路線與現代閃電戰爭：避實擊虛的戰略新演繹

進入二十一世紀，這套思想不僅未被淘汰，反而成為各國現代軍事行動、戰略欺敵與閃電戰突襲的理論框架。

二、閃電戰的進化：間接路線如何塑造新型快攻

現代戰場的閃電戰已不再如二戰初期那般單純靠裝甲突破，而是透過資訊優勢、心理壓制與節奏打擊三者整合，達成間接瓦解敵方指揮與抵抗力的效果。

例如：在 2020 年納戈爾諾－卡拉巴赫戰爭中，亞塞拜然透過土耳其製造的 Bayraktar TB2 無人機，對亞美尼亞地面防線展開精準打擊，迅速癱瘓其防空系統與後勤中心。亞塞拜然並未選擇正面鋪開傳統大規模進攻，而是以空中與地面間接打擊的混成模式，使亞美尼亞部隊陷入持續資訊混亂與心理崩潰，最終不得不接受停火協議。

這場戰爭充分展現了李德哈特間接路線的現代應用：不正面對決、不貪快攻城市、不追求敵人全滅，而是破壞其組織性，讓敵方主動崩潰。

三、資訊戰與間接壓制：新時代的虛實之道

李德哈特如果活在今日，他必然會將間接路線進一步延伸到資訊戰領域。

俄烏戰爭中，烏克蘭運用社群媒體與國際輿論攻勢，將俄軍失敗與暴行迅速傳播全球，塑造俄羅斯國內與國際的壓力氛圍。這種透過資訊優勢

■ 第六章　經典軍事理論的當代啟示：從孫子到博伊德

削弱敵方戰意、干擾指揮系統判斷的手法，正是間接路線在數位時代的進化版。

同時，烏軍透過假情報、行動欺敵等策略，不斷讓俄軍誤判主攻方向，例如 2022 年 9 月哈爾科夫反攻行動前夕，烏軍故意將輿論焦點集中在赫爾松，成功誘使俄軍將精銳部隊南調，導致哈爾科夫前線兵力空虛，短短數日即被突破。

這種戰略運用，不僅是空間上的繞擊，更是認知空間上的包抄──讓敵人在錯誤情報與心理壓力中自亂陣腳。

四、間接戰略的當代挑戰與調整

儘管間接路線在多場現代衝突中顯示出高度有效性，但它在面對以下情境時亦面臨新挑戰：

- 科技監控普及：衛星、無人機、電子偵測大幅降低大規模部隊隱蔽行動的可能性；
- 城市化戰場：在高密度城市作戰，難以大規模繞擊或戰線延伸，間接操作空間受限；
- 資訊飽和與真假難辨：敵我雙方皆能操作輿論戰，資訊間接壓制需突破更複雜的認知防線。

因此，現代間接戰略強調「微型化、分散化與高節奏行動」：不再是一次大規模包抄，而是無數小型靈活操作、不斷製造敵方判斷錯誤與心理負荷。

第六節　李德哈特的間接路線與現代閃電戰爭：避實擊虛的戰略新演繹

以色列在 2023 年對哈瑪斯作戰時，即大量使用小型特種小隊滲透加薩地區重要節點，摧毀指揮中心與武器庫，避免陷入全面城市消耗戰，充分展現間接路線在高密度戰場的靈活運用。

五、臺灣戰略思考：以間接路線為核心設計防衛體系

臺灣面對區域安全威脅，間接路線思想已逐漸成為防衛戰略的核心理念之一。現行「多層防衛」設計，即以以下三種方式展現李德哈特的理論：

- 海空偵防與戰略欺敵：使用無人機與反艦飛彈，於敵軍集結前即進行空間干擾與打擊，誘敵誤判；
- 城市韌性與機動防衛：分散重要設施、建立多中心指揮系統，使敵方即使登陸亦難以快速癱瘓整體防禦；
- 全民心防建設：透過心理韌性訓練與資訊戰演習，強化社會對假訊息與心理操作的抵抗力。

這些策略，目的皆在於不與敵人正面硬碰，而是使敵人陷入無法有效打擊的拖延與挫敗感中，最終自動瓦解進攻意圖。

避實擊虛：間接路線的當代韌性力量

李德哈特的「間接路線」並非單純的繞路或偷襲，而是一種深刻理解戰爭心理與組織節奏的智慧。在現代戰場上，真正的勝利已不再屬於衝鋒

■第六章　經典軍事理論的當代啟示：從孫子到博伊德

陷陣者，而是屬於那些能夠操控節奏、讓敵人陷入錯判與焦慮的智者。間接，不是逃避，而是最強大的正面突破。未來的戰爭，將是「避實擊虛」者的時代。

第七節
綜合理論新戰略：
跨理論軍事融合模型的興起

未來的勝利，不屬於單一理論的信徒，而屬於能夠靈活融合多種理論的實踐者。

一、從經典到現代：戰略理論碎片化與融合化的必然

回顧過去兩百年的軍事思想發展，無論是孫子的全局制勝、克勞塞維茲的摩擦與重心、博伊德的 OODA 循環、馬漢的海權論、富勒的裝甲戰理論，抑或李德哈特的間接路線，皆各自擷取了戰爭某一側面的本質。

然而，進入二十一世紀後，戰爭樣態日益多樣化、融合化，單一理論已無法全面解釋或指導實際作戰。例如：純粹仰賴裝甲突破（富勒式）將因無人機與地雷戰而失效，單純依靠資訊優勢又可能因電子戰癱瘓而失靈。

因此，現代軍事理論界提出新的方向──綜合理論新戰略（Integrated Strategic Fusion Model），意即：融合多種經典理論元素，依情境靈活調度，建立一套適應性極強的跨領域作戰體系。

這套理念不僅是理論層面的整合，更是戰場實踐層面的急迫需求。

第六章　經典軍事理論的當代啟示：從孫子到博伊德

二、綜合戰場設計：
如何將孫子、克勞塞維茲與博伊德融為一體

以現代戰場設計為例，若要同時應對常規戰、資訊戰與認知戰，必須結合以下思維：

- 孫子式的戰略全局觀：戰前即以政治、經濟、外交布局敵方，使其在戰場尚未展開時便已處於劣勢。
- 克勞塞維茲式的重心打擊：鎖定敵方核心意志（如指揮鏈、民心支撐點）為首要打擊目標。
- 博伊德式的節奏主導：運用快速 OODA 循環反應敵變、打亂敵軍節奏，使其陷入無法有效組織抵抗的困境。

這樣的融合應用，在 2022 年烏克蘭戰場上可見端倪。烏軍並非單純依賴北約援助或武器，而是在戰略層面整合了外交施壓（孫子式）、重點反攻（克勞塞維茲式）與快速機動（博伊德式），創造了以小搏大的效果。

三、跨域整合：海、陸、空、網的全面同步

馬漢與富勒雖各自聚焦海權與陸上機動，但在現代綜合戰略模型中，跨域整合已成為常態。現代指揮系統不再以兵種分界，而是以任務分組，形成以下結構：

- 海空優勢快速建制：確保制空、制海的同時即支援陸地作戰節奏；

- 地面部隊靈活穿插：非線性正面作戰，轉向節點式滲透與癱瘓敵方支援；
- 資訊戰與心理戰同步：攻擊敵方資訊網絡與民眾認知，削弱抵抗意志；
- 後勤自動化與分散化：以無人系統與區塊鏈技術確保戰場持續供應與資源重分配能力。

這種跨域同步作戰，要求指揮官與士兵必須同時理解多理論框架，並能在動態中選擇最佳應對手段。

四、案例分析：以色列「整合戰」模式的啟示

以色列國防軍（IDF）於 2021 年後明確提出多領域作戰（Multi-Domain Operations, MDO）概念，實踐跨理論融合：

- 以孫子思想布局外交與資源戰（如與中東國家的新型協議）；
- 以克勞塞維茲重心論鎖定哈瑪斯領導層為首要打擊對象；
- 以博伊德的 OODA 節奏理論調度無人機群、自走炮與特種部隊快速輪換行動；
- 以馬漢海權理論保障東地中海能源航道安全；
- 以李德哈特的間接路線思想滲透敵方資訊體系與內部網絡。

這種多層次作戰的成功，證明跨理論整合不僅可行，而且是未來小國對抗大型威脅的生存之道。

■第六章　經典軍事理論的當代啟示：從孫子到博伊德

> 五、戰略教育的革新：
> 打破學派界線，培養跨理論指揮官

隨著戰爭型態的多樣化，各國軍事院校與指揮教育體系也逐步轉型，強調：

- 跨學科融合學習：要求軍官同時研讀孫子、克勞塞維茲、博伊德等經典，不以單一路線為絕對信仰。
- 模擬與實境演練結合：在演訓中隨機切換戰場態勢，強迫指揮官在孫子式全面戰、克勞塞維茲式重心攻擊與博伊德式節奏轉換間靈活應對。
- 認知靈活訓練：培養指揮官在高壓與資訊爆炸中迅速切換思考模式，不固守預設立場。

這種教育模式，目的在於培養出能在 21 世紀戰場上真正「打破學派、靈活融合」的新一代軍事領導者。

> 融合思維的勝利：未來戰爭屬於跨理論操作者

單一理論再完美，也無法覆蓋現代戰場的全部複雜性。未來戰爭的勝利者，將是那些能在孫子、克勞塞維茲、博伊德、馬漢、富勒、李德哈特之間自如切換，並將之融合為具體行動模型的操作者。真正的軍事智慧，不在於選擇某一理論，而在於融合萬理於一體，掌握節奏、心理與空間，從而在不確定中開創勝局。

第七章
戰爭與法律：
倫理、規範與現實的拉鋸

■第七章　戰爭與法律：倫理、規範與現實的拉鋸

第一節 日內瓦公約與當代挑戰：保護界線的模糊與重構

在戰爭中設立規範，是人類在混亂中保留人性的最後嘗試。

一、日內瓦公約的誕生與精神

日內瓦公約（Geneva Conventions）最早源自 1864 年，經過數次修訂與擴展，特別是在第二次世界大戰後，於 1949 年確立現代國際人道法的基本框架。其核心精神包括：

- 保護戰俘、平民、醫療人員與傷病士兵；
- 禁止酷刑、不人道待遇與對無辜目標的攻擊；
- 規範對待被占領地區居民與設立中立人道救援機構。

日內瓦公約試圖在戰爭這個極端情境中，保留最低限度的人性與道德秩序。正如國際紅十字會強調的：「在最黑暗時刻，也要有光亮的規則存在。」

然而，進入 21 世紀後，戰爭型態劇變，許多新興作戰模式與技術挑戰了日內瓦公約既有的適用範圍與解釋方式。

二、非正規作戰的衝擊：戰爭主體的模糊化

傳統日內瓦公約假設交戰雙方為國家或明確組織的正規軍隊。但當代衝突中，非國家武裝團體（如哈瑪斯、塔利班、青年黨）成為主要戰爭主體，他們未必遵循國際法規範，卻又影響戰局發展。

例如：塔利班在阿富汗戰場上不穿制服、混跡平民，造成辨識與合法打擊界線模糊，使得美軍在實施反恐行動時，難以遵守傳統交戰規則。無法區分平民與戰鬥員，導致誤傷與人道爭議頻傳，也使得「戰爭合法性」在輿論與法律間陷入灰色地帶。

這種模糊性帶來一個根本挑戰：當交戰方本身不承認或遵守日內瓦公約時，國際法如何有效發揮約束力？

三、技術武器與遠程打擊：法律適用的空隙

無人機、網路戰、人工智慧輔助打擊系統等新型武器的興起，徹底改變了傳統戰場概念。例如：美軍在中東與非洲使用 MQ-9 死神無人機（Reaper Drone）進行「目標暗殺」行動，雖多數以防止恐怖攻擊為理由，但法律與道德爭議持續存在。

- 這些行動通常缺乏正式宣戰程序；
- 無人機駕駛員遠在本土基地，與交戰地點隔著數千公里，難以界定「戰場」範圍；
- 目標定位依賴情報資料，誤判風險極高。

■ 第七章　戰爭與法律：倫理、規範與現實的拉鋸

　　日內瓦公約並未明確規範這類「遙控殺戮」行為，使得許多行動處於「合法性未明」的狀態。聯合國特別報告員多次呼籲制定新的國際規範，但迄今尚未形成普遍共識。

　　這暴露出一個嚴峻問題：科技演進的速度，遠遠超過國際法更新的步調。

四、都市戰與人道挑戰：平民成為戰場中心

　　隨著城市化加劇，戰爭越來越頻繁地在高密度城市環境中進行，例如阿勒坡（敘利亞內戰）、馬立波（俄烏戰爭）與加薩走廊。

　　城市戰帶來三大人道困境：

- 平民與軍事目標高度交錯：攻擊任何一處建築物，都可能同時傷及無辜。
- 基本設施崩潰：醫院、供水、電力設施成為首要破壞目標，進一步惡化人道災難。
- 疏散與救援困難：圍城戰術常使國際人道救援無法進入，違反日內瓦公約保障的人道通道原則。

　　例如：2022 年馬立波之圍中，俄軍對醫院與劇院進行轟炸，引起國際社會譴責，但俄方辯稱該地區藏有軍事目標，這種「雙用途建築」問題使日內瓦公約的適用與執行更加困難。

　　城市戰暴露出另一個現實：在當代戰爭中，「保護平民」與「軍事必要性」的界線正變得前所未有地模糊。

五、日內瓦公約未竟之地：私人軍事與資訊戰

21 世紀還出現了兩個新興領域，日內瓦公約尚無明確處理：

- 私人軍事承包商（PMC）：如瓦格納集團（Wagner Group）與美國的 Academi（前黑水公司）。這些企業介入戰爭，但其地位既非正規軍隊，也非完全平民，法律地位模糊，使責任追究困難。
- 資訊戰與假訊息操作：在烏克蘭戰爭中，網路攻擊與假新聞成為常態，但國際人道法未具體界定資訊戰是否屬於武裝攻擊範圍，也未明訂資訊攻擊對平民社會的破壞是否屬於違法行為。

這些新型態衝突領域，急需日內瓦公約精神的延伸與新規範的建立，否則戰場的無規則化將成為全球安全的慢性危機。

保護與破壞之間：新戰爭時代對日內瓦精神的再思考

日內瓦公約作為現代戰爭道德底線的象徵，在當代戰場上面臨前所未有的挑戰。面對非國家武裝、科技武器、城市戰與資訊戰，舊有規範正逐漸失效，而新的規則尚未建立。未來能否在新的戰爭態勢中重新界定「保護」與「合法」的界線，將決定人類是否能在戰爭最黑暗的時刻，仍守住那道微弱卻必要的人性之光。

■ 第七章　戰爭與法律：倫理、規範與現實的拉鋸

第二節
國際法與軍事實踐之間的落差：
規範與現實的矛盾對話

法律試圖規範戰爭，但戰爭常以現實的殘酷反噬法律的理想。

一、國際法的理想設計：制約戰爭的初衷

國際法自 17 世紀以來，逐步嘗試為戰爭設定最低限度的規範，其最重要的目標包括：

- 限制武力使用（如《聯合國憲章》第 2 條 4 款）；
- 規範交戰行為（如日內瓦公約與海牙公約）；
- 保護非戰鬥人員與文化資產；
- 建立戰爭責任追究機制（如國際刑事法院 ICC 的設置）。

這套系統意圖創造一種「戰爭有法可依」的國際秩序，使戰爭即使無法完全禁止，也能在人道與合理性原則下進行。

然而，國際法的規範性設計，往往面臨兩個根本困境：執行力不足與現實脈絡錯配。

二、現實落差一：國際法的執行困境

國際法雖訂立許多戰爭行為規則，但其執行力往往仰賴國家自願遵守或國際社會協調壓力。當交戰方強權凌駕於國際秩序之上時，違法行為往往難以即時制止。

例如：美國在 2003 年伊拉克戰爭中，未獲聯合國安理會正式授權即單方面出兵，儘管後來受到國際社會強烈批評，但最終無明確法律制裁。而俄羅斯於 2022 年全面入侵烏克蘭，同樣違反《聯合國憲章》的禁止侵略原則，卻因為安理會常任理事國否決權機制，導致無法對俄採取強制性制裁行動。

這些案例說明了：國際法在面對大國違規時，缺乏真正有效的懲罰機制，易淪為「道德宣示」而非「現實制約」。

三、現實落差二：戰爭型態變化與法律適用困難

隨著戰爭型態從國與國的正規戰爭，轉向代理人戰爭、恐怖主義、網路戰等非傳統樣態，國際法的適用範圍也面臨前所未有的挑戰。

- 代理人戰爭：如敘利亞內戰中，美國、俄羅斯、伊朗、土耳其各自支持不同勢力，行為界限模糊，難以適用傳統國際人道法規範。
- 網路戰爭：如俄羅斯對愛沙尼亞、烏克蘭的網路攻擊行動，造成大規模基礎設施癱瘓，但現有國際法尚未明確規範網路攻擊是否構成「武裝攻擊」。

■ 第七章　戰爭與法律：倫理、規範與現實的拉鋸

- 恐怖主義行為：非國家行為體無明確主權屬性，使得國際法的戰爭規則（如戰俘待遇、戰爭宣告義務）無法全面適用。

這種型態錯配使得法律設計滯後於戰場現實，法律規範的力道被快速演變的戰爭手段稀釋。

四、現實落差三：政治操控與法律工具化

國際法原本以公平中立為設計目標，但在現實運作中，常被政治力量操控成為工具。

例如：國際刑事法院（ICC）針對非洲國家領袖發出的逮捕令比例遠高於其他地區，導致部分國家批評其選擇性正義。即便在 2023 年 ICC 對俄羅斯總統普丁發出戰爭罪指控，也因地緣政治考量，使其執行前景充滿變數。

國際法的「雙重標準」現象，使其道德威信受損，進一步加深了軍事實踐者對國際規範效力的質疑。

五、努力與轉型：縮短落差的嘗試

儘管困難重重，國際社會仍持續嘗試縮短法律與實踐之間的落差，例如：

第二節　國際法與軍事實踐之間的落差：規範與現實的矛盾對話

- 發展網路戰法規：由美國主導的《塔林手冊》(Tallinn Manual) 試圖將國際人道法延伸至網路空間；
- 加強戰地監督機制：國際紅十字會、聯合國人權事務高級專員辦事處（OHCHR）等機構持續擴展戰地監控與即時通報系統；
- 多邊外交施壓：透過 G7、歐盟、東協等平臺，以集體行動提高違法行為的政治與經濟代價。

這些努力雖未能完全填平落差，但也為未來戰爭規範提出了動態修正模式的可能性。

在現實與理想之間尋找戰爭規則的新基礎

國際法與軍事實踐之間的落差，並非國際秩序失敗的證明，而是人類在動盪中持續尋求秩序與約束的過程。真正的挑戰，不僅在於制定新規範，更在於讓規範具備適應性、執行力與公信力。未來能否在現實戰場上落實理想，將決定戰爭是否仍有可能在人性與規則間找到一道微弱但堅韌的平衡線。

■第七章　戰爭與法律：倫理、規範與現實的拉鋸

第三節
軍事承包商（PMC）在戰爭中的角色與責任：
國家之外的武力邊界

當戰爭變成可外包的生意，責任也變得模糊不清。

一、軍事承包商的崛起：從輔助支援到戰鬥主體

所謂軍事承包商（Private Military Companies, PMC），是指由私人企業組織、提供軍事或安全服務的團體。最初，PMC 多半負責非戰鬥性支援，如基地防護、後勤補給或顧問訓練。然而自冷戰結束以來，尤其在 1990 年代的非洲內戰與 2000 年代的伊拉克戰爭後，PMC 逐漸演變為直接參與作戰行動的重要力量。

著名例子包括：

- 黑水公司（Blackwater）：在伊拉克戰爭中負責護衛外交人員，但也涉及平民誤殺事件；
- 瓦格納集團（Wagner Group）：在敘利亞、烏克蘭、非洲多國直接參與作戰，並涉入多起戰爭罪指控。

這種現象使得「戰爭專業化」不再完全屬於國家機構掌控，也帶來新的法律、道德與政治問題。

第三節 軍事承包商（PMC）在戰爭中的角色與責任：國家之外的武力邊界

二、國家與 PMC 的模糊關係

PMC 的存在本質上建立在一種「模糊授權」之上。從理論上，僱用 PMC 可以為國家帶來以下利益：

- 行動可否認性（Plausible Deniability）：政府可聲稱與 PMC 行為無直接關聯，避免政治責任；
- 成本外包與人員彈性：不需動用正規軍，可節省軍事支出，且減少軍人傷亡對國內輿論的負面影響；
- 快速部署能力：PMC 可隨時進駐衝突區，不受國內立法或外交程序限制。

然而，這種便利也造成責任認定的空洞化。當 PMC 違法行動發生時，國家可推諉卸責，PMC 本身又因法律地位特殊而難以被有效追訴。

例如：2007 年黑水公司在巴格達納蘇爾廣場槍擊案中，造成 17 名伊拉克平民死亡。事後，相關承包商雖受到美國法院審理，但過程拖延多年，部分被告最終被赦免，引發廣泛爭議。

三、戰場上的灰色地帶：PMC 與國際人道法

根據日內瓦公約及其附加議定書，戰爭中的合法戰鬥員需符合特定資格（如隸屬有責任制的組織、公開攜帶武器、遵守戰爭法規等）。然而，PMC 通常不完全符合這些條件，導致其法律地位十分曖昧：

■第七章　戰爭與法律：倫理、規範與現實的拉鋸

- 在戰鬥中被俘，是否享有戰俘保護資格？
- 在攻擊平民時，是否適用戰爭罪審判？
- 在承包任務外另行作戰時，是否仍受雇主國法律管轄？

現行國際法並無一套完整規範針對 PMC 的法律架構。這種空白，使得 PMC 成為當代戰爭中「既合法又非法」的模糊角色，形成了現代戰爭倫理與法律治理上的巨大漏洞。

四、現代案例分析：瓦格納集團的國家代理戰爭實踐

瓦格納集團的行動模式堪稱當代 PMC 運作模式的極致展現。

- 在敘利亞：與俄羅斯官方軍隊協同作戰，但在公開紀錄中屬於私人組織，俄羅斯政府可對其行為保持「官方否認」。
- 在非洲（如馬利、中非共和國）：提供軍事訓練與直接作戰服務，交換礦產開採權利，成為準國家級勢力。
- 在烏克蘭戰場：尤其在巴赫姆特戰役中，瓦格納承擔前線攻堅任務，數萬名傭兵直接參與高強度城市戰，死亡率極高。

瓦格納的行為模式展現出當代 PMC 已超越傳統輔助角色，直接成為戰爭主力。而其違法行為（如強徵囚犯、處決脫逃者）亦廣泛違反國際人道法，但因身分模糊與地緣政治保護，追訴極為困難。

五、未來規範的可能方向：PMC 治理的新思考

面對 PMC 問題，國際社會已展開若干初步嘗試，包括：

- 蒙特勒文件（Montreux Document）：2008 年由瑞士與 ICRC 主導，提出關於 PMC 在衝突中應遵守的國際法律準則，但不具強制力。
- 《私人保全服務提供者國際行為守則》（International Code of Conduct for Private Security Service Providers，簡稱 ICoC）：建立自律機制，要求簽署公司承諾遵守人道與人權法標準。
- 國內法立法：部分國家（如南非）對本國 PMC 設置出口與活動管制，但在全球範圍仍屬少數。

未來，若要有效治理 PMC，可能需考慮：

- 明確界定 PMC 在國際人道法下的地位；
- 強化承包國對 PMC 行為的法律責任追溯；
- 建立跨國註冊與審核機制，提升透明度與監督力。

戰爭商品化的危險邊界：PMC 帶來的倫理與秩序挑戰

軍事承包商的興起，讓戰爭從國家壟斷的公共行為，部分轉化為市場化的私人工業。但當武力可以外包，死亡與破壞也可能脫離道德與法律的制衡。未來能否建立有效規範，將決定 PMC 究竟是戰場秩序的補充力量，還是無序擴張的危險引信。戰爭的倫理底線，正在私人武力興起的灰色地帶面臨前所未有的考驗。

■第七章　戰爭與法律：倫理、規範與現實的拉鋸

第四節
媒體戰與「假新聞」：誰是戰場上的見證人？

在資訊戰爭中，第一個被犧牲的，往往是真相本身。

一、戰場上的「第二前線」：媒體的重要性躍升

過去，媒體在戰爭中的角色主要是戰後報導者，但進入二十一世紀，隨著即時通訊與社群媒體普及，媒體本身已成為戰爭的一部分。

- 輿論塑造：控制國內外輿論，影響交戰雙方士氣與國際支持；
- 資訊武器化：操縱敘事、散布假訊息，擾亂敵方判斷；
- 合法性競奪：透過影像、證詞與報導爭取國際社會的道德認同。

換言之，現代戰爭不僅是戰車與飛彈的對抗，更是敘事與真相的爭奪戰。媒體成為「戰場上的見證人」，卻也可能成為「資訊戰的工具」。

二、假新聞與認知操控：戰場資訊的汙染與武器化

在當代衝突中，假新聞（Fake News）與認知作戰（Cognitive Warfare）成為常見武器。特別是在俄烏戰爭爆發以來，雙方不僅在軍事上交戰，也在資訊場域展開激烈對抗：

第四節　媒體戰與「假新聞」：誰是戰場上的見證人？

- 俄羅斯利用國內外媒體平臺，散布烏克蘭政府腐敗、納粹化的敘事，試圖為入侵行動正當化；
- 烏克蘭則透過社群平臺發布前線勝利影片、戰俘人道對待畫面，爭取全球輿論支持。

同時，第三方虛假帳號與「網軍」介入，如大量虛假影像、捏造報導、深偽技術（Deepfake）影片流傳，使得戰場資訊環境混亂，真假難辨。

這種現象帶來兩個深刻挑戰：

- 真相喪失的風險：即使有真實資料，也可能因資訊過載與假消息交錯而失去公信力；
- 行動遲滯與錯誤決策：指揮官與決策者若基於錯誤資訊判斷，可能導致戰場行動失誤。

資訊汙染已成為現代戰爭中不可忽視的「軟殺傷武器」。

三、記者、影像與證據：戰爭見證的兩難

戰場記者傳統上被視為「中立見證者」，然而，在現代混合戰爭中，記者自身的角色也變得更加危險與模糊。

- 操控與限制：各國軍方常設立嵌入式報導（Embedded Journalism）制度，記者隨軍作業，資訊流通受到軍事管控；
- 人身風險加劇：敘利亞、葉門、烏克蘭等衝突地區，記者遭綁架、攻擊、甚至用作宣傳工具的情況頻傳；

■ 第七章　戰爭與法律：倫理、規範與現實的拉鋸

■ 在高度極化（polarized）的戰爭環境中，媒體機構常被指控捲入資訊武器化（Weaponization of Information）與敘事操控（Narrative Weaponization）行為，喪失了原本應有的新聞中立性（News Neutrality）與客觀性。

例如：在 2022 年俄烏戰爭期間，數名國際記者遭遇炮火攻擊，有些案例未能確定是否為故意針對。這突顯了：戰場上的見證者本身也成為戰爭策略的一部分。

四、社群媒體的雙刃劍效應：資訊民主還是混亂放大？

社群媒體本質上打破了傳統資訊壟斷，使個人也能即時發布戰場資訊，例如：

■ 烏克蘭平民以 TikTok 影片記錄俄軍部隊動態；
■ 衝突地區居民透過 Telegram 更新轟炸警報與避難資訊。

然而，這種「資訊去中心化」同時帶來三大風險：

■ 資訊驗證困難：平民影片未經編輯或審核，真假難辨；
■ 輿論操控容易：虛假敘事更容易迅速擴散；
■ 隱私與安全風險：過度分享戰場位置，可能暴露軍隊與平民行蹤。

第四節　媒體戰與「假新聞」：誰是戰場上的見證人？

社群媒體成為戰爭新戰場，但同時也暴露了資訊無政府狀態下的脆弱性。

五、資訊戰的倫理困境：真相、正義與戰略的拉鋸

資訊戰既是戰略工具，也帶來倫理難題：

- 選擇性揭露與放大：戰爭中的真實痛苦往往被用來服務特定政治目的，犧牲了受害者的尊嚴；
- 虛假動員與仇恨煽動：假新聞可被用來激發民族主義情緒，導致種族仇恨與報復暴力；
- 對平民信任的侵蝕：當資訊環境被嚴重汙染，戰後社會重建的信任基礎將更加脆弱。

這些現象提醒我們：在戰場之外，資訊場域的破壞同樣深遠且持久。

見證與操控之間：資訊戰時代的戰爭真相困局

在今日的戰爭中，「誰能定義真相」已成為另一場沒有硝煙卻同樣致命的戰爭。從傳統媒體到社群平臺，從嵌入式記者到匿名網軍，每一個敘事都是力量的投射。未來戰場的勝負，不僅取決於誰掌握更多武器，也取決於誰能在資訊混戰中保有敘事主導權。而真相，在這場無形的對抗中，或許只能以片段形式倖存。

第七章　戰爭與法律：倫理、規範與現實的拉鋸

第五節
軍事機器人與倫理討論：
自主武力的界線與人性的試煉

當決定生死的，不再是人類而是演算法，我們是否還能談論戰爭的道德？

一、軍事機器人的興起：從支援角色到主動攻擊單位

隨著人工智慧（AI）、感測技術與機械工程的飛速發展，軍用機器人（Military Robots）已成為現代戰爭的新興力量，涵蓋範圍包括：

- 無人飛行載具（UAVs）：如美國 MQ-9 死神無人機，用於偵察、空襲與定點清除；
- 地面無人載具（UGVs）：如以色列 Roboteam 的 Probot 負重型或 MTGR 偵察型，執行掃雷、補給與火力支援；
- 自主水下載具（UUVs）：如美國海軍開發的 Sea Hunter 無人水面艦（反潛用途）或 ORCA 超大型無人潛艦，用於反潛與情報搜集；
- 半自主攻擊機器人：例如南韓部署於非武裝地帶（DMZ）的 SAM-SUNG SGR-A1 哨兵系統（半自主射擊，須人為授權），具備自動目標辨識與射擊功能。

軍事機器人的興起使得傳統戰場分工發生深刻改變：機器不再只是輔助人類作戰，而開始具備獨立作出「生死決策」的能力。

二、自主致命武器系統（LAWS）：技術突破與倫理恐懼

所謂自主致命武器系統（Lethal Autonomous Weapons Systems, LAWS），指的是能夠在無人類介入下，自行辨識目標並發動攻擊的武器。

支援者認為：

- 可以降低己方士兵傷亡；
- 提升打擊速度與效率；
- 在特定環境（如反恐、城市戰）中更具操作優勢。

然而，反對者警告：

- 人類道德判斷被取代：機器無法像人類一樣考慮比例原則、平民保護與情境細節；
- 責任歸屬困難：當機器錯殺平民，應由操作員、指揮官、設計者還是製造國負責？
- 戰爭門檻降低：無人傷亡的誘因可能讓戰爭更容易爆發，且持續時間更長。

這些爭論成為聯合國討論 LAWS 禁用公約的推動背景，但至今各國立場分歧，尚未形成強制性國際法規範。

■ 第七章　戰爭與法律：倫理、規範與現實的拉鋸

三、現實應用案例：從反恐行動到高端衝突

軍事機器人並非未來幻想，已在多起現代戰爭中實際使用：

- 美國在中東反恐行動：運用 Predator 與 Reaper 無人機，定點清除恐怖組織領導人，但多次出現誤擊平民事件，引發國際批評；
- 亞塞拜然與亞美尼亞衝突（2020）：大量使用以色列製無人機進行壓制性打擊，迅速摧毀對方防空系統與裝甲部隊，展現無人作戰的戰術優勢；
- 烏克蘭戰爭（2022～）：雙方均廣泛使用無人機群、海上無人艇，進行戰場偵查、突襲與後勤補給破壞。

這些案例表明，軍事機器人已不只是輔助工具，而是重塑戰場邏輯的重要因素。

四、道德與法律困境：人類能否控制自己的創造物？

隨著軍事機器人角色的提升，一系列道德與法律困境浮上檯面：

- 比例原則與差別原則失效：AI 無法像人類指揮官一樣在模糊情境下適度判斷攻擊是否合法。
- 誤辨識與意外攻擊：機器學習系統可能基於偏誤資料進行錯誤判斷，導致無辜目標被誤殺。
- 責任轉移風險：當攻擊錯誤發生時，指揮官或操作者可能以「系統故障」為由推卸責任。

第五節　軍事機器人與倫理討論：自主武力的界線與人性的試煉

以色列「鐵劍行動」期間，無人機對多家加薩地帶的醫療設施發動攻擊，引發國際譴責，便突顯了技術依賴與道德監管之間的緊張關係。

此外，各國對「軍事 AI 倫理」態度不一，美國與歐盟主張建立自主武器「人類介入標準」（Meaningful Human Control），而中國與俄羅斯則相對模糊，主張「技術中立性原則」。

五、未來治理路徑：從禁用到規範

面對軍事機器人與自主武器的崛起，國際社會提出以下三種主要治理方向：

- 全面禁止（Ban Approach）：如同禁用化學武器般，透過國際條約禁止自主致命武器的開發與使用；
- 技術規範（Regulatory Approach）：設置明確技術標準與操作規則，如強制要求「人類最終決策權」；
- 責任強化（Accountability Approach）：明確規範開發者、操作者與使用國在軍事機器人行為中的法律責任。

截至目前，聯合國《特定常規武器公約》(CCW) 下成立的 LAWS 討論小組仍在協商中，但進展緩慢，各大國基於技術優勢與軍事競爭考量，對強制性規範持保留態度。

■第七章　戰爭與法律：倫理、規範與現實的拉鋸

鋼鐵思考者的兩難：自主武器時代的人類抉擇

當戰場上出現能自主思考、判斷與攻擊的機器，我們不僅是在重新定義軍事力量，也在挑戰人類自身對道德、法律與生命價值的基本認知。未來的戰爭，不只是技術的比拚，更是倫理選擇的試煉場。自主武器的興起，迫使我們正視一個根本問題：在速度與效率之外，戰爭中是否還應該有不容妥協的人性界線？

第六節
人質外交與國際談判的限界：
在脅迫與妥協之間的戰略博弈

當人命成為外交籌碼，正義與現實的界線便開始模糊。

一、人質外交的定義與歷史演變

所謂人質外交（Hostage Diplomacy），是指國家或非國家行為者，透過拘留外國公民或士兵，作為政治談判或交換利益的籌碼。這種手段本質上違反國際人權與外交慣例，但在戰爭與衝突中卻屢見不鮮。

早期人質外交多為：

- 戰場交換：如中世紀交戰雙方交換貴族人質以確保條約履行；
- 戰後扣留：如第二次世界大戰後蘇聯長期扣押德國戰俘作為重建勞力。

進入現代，人質外交逐漸從軍事層面，轉向更為複雜的政治、經濟與情報交易手段，並常由政府、情報機構與代理人組織交錯操作。

■第七章　戰爭與法律：倫理、規範與現實的拉鋸

二、現代案例：從伊朗到俄羅斯的操作範式

伊朗長期被指控運用人質外交。例如：

- 1979 年美國大使館人質危機，伊朗學生革命組織扣押 52 名美國外交人員 444 天，要求美方交還巴勒維家族資產；
- 近年來，多起雙重國籍人士被拘留，作為伊朗換取制裁解除或政治讓步的籌碼。

俄羅斯亦被控在烏克蘭戰爭中實施人質外交策略：

- 2022 年，俄羅斯軍方與親俄武裝團體扣押大量烏克蘭平民與士兵；
- 同年，美國女籃球員布蘭妮・格林納（Brittney Griner）因攜帶微量大麻油被捕，俄羅斯以此作為換取囚犯交換的手段，與美國進行談判，最終成功用她交換俄國武器販子維克托・布特（Viktor Bout）。

這些案例展現出人質外交的新特徵：

- 目標擴大至平民、外籍記者與 NGO 人員；
- 用途涵蓋軍事、經濟與情報等多重領域；
- 操作技術高度隱晦，常以法律程序作包裝。

第六節　人質外交與國際談判的限界：在脅迫與妥協之間的戰略博弈

三、道德與法律困境：救援與妥協的兩難

在人質外交中，交涉方面臨嚴峻的倫理與法律抉擇：

- 支付贖金或釋放囚犯，是否助長未來更多綁架行為？
- 堅持原則不談判，是否犧牲無辜生命？

國際紅十字會與聯合國一再強調，「不得以人質作為談判工具」是國際人道法基本準則。然而，在現實政治中，許多國家在暗地裡仍選擇談判與交換，以挽救本國公民生命或解除政治壓力。

例如：美國與塔利班的多次人質交換行動（如換回戰俘鮑·伯格達爾），即引發國內激烈爭議：一方面挽救了士兵生命，另一方面卻也被批評為鼓勵敵對組織濫用人質策略。

四、人質外交的地緣戰略運用

在人質外交的背後，常藏著更深層的戰略運作。典型模式包括：

- 提升籌碼價值：戰略性扣押特定人士，為未來談判布局；
- 打擊對手國信譽：透過大肆宣傳被捕案件，削弱對方在國際社會的道德形象；
- 掩護其他行動：在人質議題焦點吸引外界注意時，悄悄推動其他軍事或外交策略。

■第七章　戰爭與法律：倫理、規範與現實的拉鋸

　　例如：敘利亞內戰期間，IS 組織利用外籍人質進行宣傳斬首行動，塑造恐怖威懾，迫使西方國家在中東政策上趨向收縮與防守。

　　此外，中國與加拿大之間的孟晚舟案與「兩個加拿大人」康明凱和麥可・斯帕弗案，也被視為一種複合型人質外交事件，充分展示了經濟制裁、科技管制與人員扣押的戰略交互作用。

五、未來趨勢：人質外交的持續與轉型

　　在未來的戰爭與國際對抗中，人質外交可能呈現以下新趨勢：

- 目標平民化與專業化：鎖定科技、金融、醫療等領域專業人士作為高價值人質；
- 談判模式多元化：結合資源交換、情報交易與政策讓步，形成「分階段釋放」的新型外交劇本；
- 隱性操作增加：表面上以法律手段拘押，實質上進行政治交換，難以直接指認與制裁。

　　同時，國際社會也需建立更完善的預防與應對機制，包括：

- 強化公民出境風險警示與支援系統；
- 建立多邊快速應對協調平臺；
- 推動透明化的人質處理原則，避免各國間標準不一。

生命與國家利益之間：人質外交的永恆張力

在人質外交的暗流中，每一次談判都是道德與現實的激烈拉鋸。當生命價值與國家利益彼此衝突，當正義理想與戰略需求無法並存，國際社會必須直視：人質外交的問題，不僅是救援策略，更是對整個國際秩序脆弱性的殘酷提醒。未來能否建立一套真正公正且有效的應對體系，將決定戰爭與外交中，人性界線能否得以守護。

■第七章　戰爭與法律：倫理、規範與現實的拉鋸

第七節
裁決與審判：戰爭罪如何被追訴與忽視

正義若不能即時實現，最終將只是權力的裝飾。

一、戰爭罪的定義與國際追訴機制

戰爭罪（War Crimes）是指在武裝衝突中違反國際人道法的行為，包括但不限於：

- 故意殺害平民；
- 虐待戰俘或人道工作人員；
- 使用禁止武器（如化學、生化武器）；
- 蓄意摧毀文物與文化資產；
- 強暴、奴役與迫害特定族群。

二戰後設立的紐倫堡審判與東京審判是戰爭罪追訴的起點，其後的國際制度包括：

- 前南斯拉夫國際刑事法庭（ICTY）；
- 盧安達國際刑事法庭（ICTR）；
- 國際刑事法院（ICC），2002 年正式運作，具備針對戰爭罪、反人類罪與種族滅絕罪的永久性追訴權。

然而，這些機構的權力、範圍與效力至今仍面臨重重限制，使戰爭罪審判在實務上成為一場政治、外交與法律的三方賽局。

二、典型案例：從前南斯拉夫到非洲多國的審判經驗

前南斯拉夫戰爭（1991～1999）中，大規模族群屠殺、性暴力與圍城虐待行為廣泛發生。聯合國成立 ICTY，對多名軍政領導人展開審判，包括：

- 斯洛波丹・米洛塞維奇：前南斯拉夫總統，遭控策動種族清洗與種族滅絕罪，雖被起訴但於審判途中病逝；
- 拉特科・穆拉迪奇：波士尼亞塞族軍事領袖，因斯雷布雷尼察大屠殺被定罪，判處終身監禁。

這些審判建立了兩個重要原則：

- 國家元首亦可成為被告；
- 命令上級不構成絕對免責理由。

然而，在非洲多起戰爭罪審判中，卻面臨「選擇性司法」質疑。ICC 多次起訴非洲國家領袖（如蘇丹的巴席爾、肯亞的烏胡魯・甘耶達），卻少有對西方或大國行為的追訴，引發「司法殖民」的批評。

■ 第七章　戰爭與法律：倫理、規範與現實的拉鋸

三、戰爭罪審判的制度性限制

雖然國際刑事法院理論上具備全球審判權，但實際運作中面臨三項結構性困境：

- 主權豁免與不合作：美國、俄羅斯、中國等大國皆未加入《羅馬規約》，其國民難以被 ICC 審判，即便行為明顯違法；
- 證據蒐集困難：戰爭中證據往往被掩蓋、篡改或無法合法取得，導致起訴與定罪門檻極高；
- 執行力匱乏：ICC 並無獨立警力，須仰賴會員國執行逮捕與引渡命令，若政治意願不足，審判形同空文。

例如：俄羅斯總統普丁於 2023 年遭 ICC 以「非法驅逐和綁架烏克蘭兒童」為由起訴，但至今無法執行逮捕令，反映制度與政治權力的嚴重落差。

四、戰爭罪被忽視的情境：選擇性正義與冷漠真空

不被追訴的戰爭罪，常見於以下情況：

- 代理人戰爭與模糊主體：如葉門戰爭中沙烏地聯軍與胡塞武裝彼此互控罪行，但國際社會多採模糊立場；
- 戰後快速和解需求：為避免破壞和平談判與重建進程，國際間往往淡化對戰爭罪的深入追責；

第七節　裁決與審判：戰爭罪如何被追訴與忽視

- 新聞與輿論壓力不足：許多非洲內戰或小國衝突，因國際關注度低，戰爭罪行難以進入審判程序。

這種「選擇性正義」使得受害者無法獲得救濟，也讓加害者逃避懲罰，削弱國際刑事體系的公信力。

五、重建戰爭審判的正當性與實效性

儘管面臨諸多挑戰，國際社會仍持續嘗試強化戰爭罪審判機制：

- 混合法庭模式：如柬埔寨紅色高棉審判、塞拉利昂特別法庭，結合國際法官與當地司法系統，提升正當性與執行力；
- 數位證據新技術：使用衛星影像、社群媒體、AI 分析等工具進行戰場記錄與證據建檔，提高起訴效率；
- 強化保護證人制度：保障戰區證人安全與匿名，降低檢舉風險，增加舉證成功機率；
- 推動常任安理會改革：希望削弱常任理事國否決對 ICC 調查與起訴的影響，重建制度平衡。

審判與失憶之間：正義是否仍能穿越戰火？

戰爭罪的追訴，不僅關乎歷史責任，更關乎未來戰爭的底線。當正義成為權力遊戲的附庸，當罪行被遺忘、掩埋或合理化，國際法的意義也將

■第七章　戰爭與法律：倫理、規範與現實的拉鋸

日益空洞。真正的挑戰不是能否設立法庭，而是能否讓這些審判成為對未來戰爭的有效警告，讓真相與正義，不再只是倖存者的記憶，而是人類文明對暴力的共同底線。

第八章
全民國防時代：
國家安全的社會化轉型

第八章　全民國防時代：國家安全的社會化轉型

第一節
以色列全民兵役制與鐵穹防禦系統：
小國生存的國防常態化工程

我們不尋求戰爭，但每一個人都必須準備為和平而戰。

一、生存危機下的全民動員邏輯

　　自 1948 年建國以來，以色列便處於幾乎無時無刻不面臨外部威脅的地緣政治環境中。四周鄰國多次發動戰爭、哈瑪斯與真主黨等武裝組織持續進行跨境火箭攻擊，迫使以色列發展出一套獨特的全民國防體系。

　　此體系以「全民兵役制」為核心，搭配高密度的科技防禦網與全民危機應變教育，形成一種制度化的集體生存模式。這不僅是一種軍事配置，更是一種國家生存哲學：沒有旁觀者，每個人都是防線的一部分。

二、全民兵役制的結構與功能

　　以色列實行男女皆役的義務兵役制度，男性服役期通常為 32 個月，女性則為 24 個月。服役結束後，大多數人還須每年接受後備訓練並登記為預備役，直到 40 歲甚至更久。

第一節　以色列全民兵役制與鐵穹防禦系統：小國生存的國防常態化工程

此制度具備以下功能：

- 軍事即社會訓練：不僅培養軍事技能，也建立跨階層、跨宗教、跨族群的共同經驗，有助於國民認同；
- 後備戰力充足：在戰爭爆發時，能迅速動員高水準戰力；
- 國防科技延伸：許多在服役中接觸技術的人才，在退役後進入高科技產業，形成軍工產業與創新經濟的強鏈結。

例如：以色列著名的 8200 部隊（軍事情報單位），培育出大量資通訊領域人才，創辦如 Check Point、NSO Group 等安全科技公司。

三、鐵穹系統：科技與民防的結合典範

面對來自加薩走廊與黎巴嫩的火箭彈威脅，以色列自 2011 年正式部署「鐵穹防禦系統」（Iron Dome）。該系統可自動偵測來襲火箭軌道，快速判定是否威脅人口密集區，若有風險則由攔截彈擊落。

其核心優勢包括：

- 極高攔截率：據報導，在多次衝突中攔截成功率達 90%以上；
- 成本效益考量：透過軌道演算，選擇性攔截具實質威脅的目標，避免資源浪費；
- 與平民反應結合：結合全國緊急通報系統，民眾可在十餘秒內尋找掩體。

第八章　全民國防時代：國家安全的社會化轉型

鐵穹不僅是防禦武器，更是維繫民眾日常生活穩定、強化社會韌性的象徵。它使得以色列能在戰爭邊緣維持相對常態化的經濟與教育活動。

四、教育與文化中的全民防衛意識

以色列從小學開始即納入國防教育，教導學生應變技巧、敵我辨識與國際政治概念。高中階段設有模擬入伍計畫與軍事適性測驗，並普遍重視服役經驗在求職與升學中的價值。

這種文化內化機制創造出一種全民共識：

- 「服役不是負擔，而是責任與榮譽」；
- 「國防不是軍人專屬，而是全民參與」；
- 「科技與作戰是一體的生存策略」。

此外，退役軍人在政界、商界與學界的比例極高，也形塑了「國防出身即是領導資歷」的社會價值觀。

五、制度挑戰與內部矛盾

儘管全民兵役與鐵穹體系為以色列建立堅固防線，但也存在結構性挑戰：

- 兵役豁免爭議：部分宗教群體（如哈雷迪猶太教派）因信仰原因可免役，引發公平性與社會責任的辯論；

- 資源壓力與軍事優先問題：大量國家預算投入軍事與防禦科技，壓縮教育、社福等民間支出；
- 心理健康與社會轉換障礙：高比例服役者經歷實戰壓力，退伍後面臨創傷症候群與社會適應困難。

這些問題促使以色列在過去十年內試圖引進更多心理輔導、職涯轉換與兵役制度彈性化改革。

六、以色列模式對小國防衛的啟發

以色列的全民防衛體系提供了對以下情境的強烈啟示：

- 小國若無法靠地理優勢或人口規模保護自己，則必須建構制度性的動員與科技支援架構；
- 國防不只是軍事行動，更需與教育、產業、資訊與公民社會深度整合；
- 有效防衛的前提，是建立全社會對於「為何而戰」的共識。

這一點，也正是當前許多面臨地緣風險的小國（如臺灣、芬蘭、立陶宛）積極研究與部分仿效的方向。

第八章　全民國防時代：國家安全的社會化轉型

制度化韌性：國防社會的科技化與公民化整合

　　以色列並非以強制軍力建立帝國，而是在極度劣勢中，以制度與科技構築全民韌性。從兵役文化到鐵穹科技，這套「生存工程」展現了小國如何透過全民參與與科技革新，撐起一個可長可久的國防體系。它提醒我們，真正強大的防衛力量，不只是源自武器，而是整個社會願意為和平與自由負起的責任。

第二節
芬蘭與瑞士的全民備戰制度：
中立國家的韌性防線與集體意志

中立不是放棄防衛，而是要讓每個人都準備好守護和平。

一、從中立到全備：不同背景下的相同抉擇

芬蘭與瑞士長期被視為「中立國家」，但這並不代表它們的國防態度消極。事實上，這兩個國家分別在歷史記憶與戰略位置的壓力下，建立起極為堅實的全民備戰體系：

- 芬蘭自 1939 年冬季戰爭對抗蘇聯起，形成「即使孤軍作戰也不投降」的戰略文化；
- 瑞士則在第二次世界大戰中以「國家堡壘」戰略，成功阻絕納粹德國的軍事威脅，鞏固其中立政策下的自我防衛機制。

這兩種歷史背景，構成了全民備戰制度的集體心理基礎，也讓「全民參與」成為一種社會共識，而非軍方責任。

第八章　全民國防時代：國家安全的社會化轉型

> 二、芬蘭模式：韌性社會與危機導向訓練

芬蘭的全民備戰體系包括三個核心元素：

1. 義務兵役制度與常備後備軍

芬蘭所有 18 歲男性皆須服義務兵役（165～347 天不等），退役後納入後備系統，持續接受軍事與民防訓練。女性則可自願參與。

特點在於：

- 全民皆兵心態根深蒂固；
- 後備動員體系完備，可在 48 小時內集結數萬名後備軍。

2. 全面防衛（Total Defence）戰略

芬蘭政府每十年即制定《國家安全戰略白皮書》，要求所有政府部門、企業、媒體與公民組織納入「戰時協調機制」。

這包括：

- 政府部門建立戰時預案；
- 通訊與交通系統具備備援能力；
- 食品、能源與藥品儲備設有緊急庫存；
- 學校教育納入危機應變與國防基礎課程。

3. 與北約合作但不依賴外援

在正式加入北約之前，芬蘭即與北約簽訂多項訓練與資訊共享協議，但始終維持「先自立，再合作」的國防原則。這種平衡策略讓其國防準備建立在自主防衛能力而非依賴性安全保證之上。

三、瑞士模式：以地理與制度塑造防衛文化

瑞士未曾加入任何軍事聯盟，其中立政策受國際承認。然而這不代表其防衛能力薄弱，反而是制度化最深的全民防衛典範之一。

1. 全民兵役與後備制度

瑞士實施義務兵役制度，男性役期為 18～21 週，服役後定期接受後備訓練至 30 歲（部分延至 34 歲）。女性可自願參與。

義務役不僅限於軍事，也包括替代性服務，如醫療支援、災害救援等，使全民皆參與防衛行動，不論是否實際服役。

2. 分散化軍事資源與隱蔽設施網絡

瑞士有超過 3,000 座高山碉堡與軍事隧道，其中多數可作為核戰避難所或軍事指揮中心。所有住宅新建案亦依法須配有防空地下室，民間基礎設施即是防衛網的一部分。

3. 全民射擊與民兵文化

射擊運動在瑞士不僅為體育，更是一種國民防衛準備的象徵。許多公民持有軍用步槍，用於後備訓練與年度射擊比賽，讓武裝訓練成為生活的一部分而非例外。

四、韌性制度的社會化：文化、教育與公共信念

芬蘭與瑞士之所以能長期維持全民備戰而不引發軍國主義批評，關鍵在於其制度深植於民主文化與公民社會：

■ 第八章　全民國防時代：國家安全的社會化轉型

- 所有政策皆強調與民眾溝通與教育；
- 國防部門定期舉辦「公民對話論壇」；
- 媒體具高度透明與獨立性，協助建立公信力。

例如：芬蘭的「民調顯示，即便和平期間，仍有超過 85% 的民眾表示若國家遭攻擊願意參與防衛行動。這種共識來自持續不間斷的國防公民教育、資訊開放與社會正當性建構。

五、臺灣與其他國家的借鏡與挑戰

芬蘭與瑞士模式對於臺灣與其他面臨安全風險的小國具高度參考價值，特別在以下方面：

- 如何平衡中立與防衛：即使未參與聯盟，仍可建構有效防衛系統；
- 將國防制度化於日常生活：如防空設施與緊急儲備標準；
- 將兵役與社會價值結合：讓服役成為公民認同與能力培養的一環，而非「被迫犧牲」。

然而，各國國情不同，臺灣面臨最大挑戰是兵役制度信任危機、民防與公民訓練不足、與政府安全溝通缺乏透明性。若要有效借鏡，必須先重建國防社會對話機制與制度信賴感。

第二節　芬蘭與瑞士的全民備戰制度：中立國家的韌性防線與集體意志

和平的代價,是永遠準備戰爭的社會韌性

芬蘭與瑞士用行動證明:即便不擁有強大的軍隊或靠山,只要社會能深度參與、制度能整體設計,便能在最不利的地緣情境中維持長期安全。而全民備戰不代表軍事主義,而是一種文明社會面對不確定未來的集體決心。在和平的表面下,這種靜默而堅定的備戰,才是真正意義上的國防常態。

■第八章　全民國防時代：國家安全的社會化轉型

第三節
臺灣民防體系改革與國防認同問題：
從制度邊緣到全民參與的試煉

國防，不只是士兵的工作，而是每一位人民的責任。

一、制度起點與歷史背景：從軍管體制到地方治理

臺灣的民防制度發展歷經數個階段。自 1949 年後進入長期動員戡亂時期，軍方主導防衛與災害應變體系，民防主要作為戰爭時期的備援機制。1987 年解嚴後，民防體系逐步納入地方政府治理體系，主責機關由內政部與各地方政府擔任，目前主要制度基礎來自《民防法》與《災害防救法》。

儘管如此，臺灣的民防體系長期存在制度碎片化、任務模糊與參與不足等問題。例如：

- 地方政府多將民防工作與災害防救混為一談，缺乏針對戰時應變的完整編組；
- 各縣市之間民防規模、訓練標準與經費投入不一；
- 民眾對「民防」的理解仍停留在舊有「空襲演練」與「災防志工」層次。

第三節　臺灣民防體系改革與國防認同問題：從制度邊緣到全民參與的試煉

這使得民防在實際防衛體系中常被邊緣化，且缺乏足夠的社會正當性與制度韌性。

二、現行改革方向與中央推動政策

為應對區域安全情勢變化，2022 年國防部與內政部開始強化「民防動員」與「全民防衛」的制度重整，重點包括：

1. 強化地方政府角色與災防整合

地方政府負責的民防指揮中心，在 2023 年起配合內政部消防署推動「防救災平臺整合計畫」，將災害資訊、通報機制、防空避難與戰時庇護納入統一指揮架構中。

以新北市為例，該市整合消防、警政、衛生與民間資源，建立「災防應變中心」常備應變編組，並於 2023 年進行防空疏散與地震模擬聯合演練，納入戰時人員疏散與醫療收容模組。

2. 修法推進《全民防衛動員準備法》草案

2023 年行政院通過新版《全民防衛動員準備法》草案，明確定義全民動員的層級、任務與分類，包括：

- 民力資源調查與造冊（如交通運輸、醫療人員、通訊人員等）；
- 平時進行防空避難設施標示、查核與使用演練；
- 戰時迅速轉換醫療、後勤、工程等民間機構為支援單位。

■第八章　全民國防時代：國家安全的社會化轉型

　　該法預計結合各部會既有業務，如經濟部的能源調度、交通部的交通疏散規劃，逐步落實「橫向整合的防衛準備機制」。

三、民間參與實況：社團、志工與教育改革

　　除了官方政策外，民間力量亦逐漸加入民防重建的行列：

1. 壯闊台灣聯盟與其他公民組織

　　壯闊台灣聯盟自 2022 年起推動「後盾計畫」，與社區合作進行基礎戰傷急救、防災演練與反假訊息教育。

　　截至 2024 年初，全臺已有超過三萬人參與其培訓課程，並與高雄醫學大學等機構合作推出大專院校「安全韌性課程」。

2. 校園教育改革與高中納入防衛素養課程

　　教育部配合國防部政策，於 2022 年起推動「校園全民國防教育推動計畫」，將防空演練、資訊安全、國際局勢與假訊息辨識納入公民與社會科目。

四、民防與國防認同的落差與修復工程

　　雖然制度正在進步，然而國防認同與民防參與間仍存在三個結構性斷裂：

- 世代認同差異：年輕世代多支持國防建設，卻對傳統民防架構缺乏信任與參與意願。
- 資訊透明度不足：多數民防政策缺乏公開溝通與成效報告，造成民間質疑其必要性與可行性。
- 過度依賴軍方形象：全民防衛過度軍事化傾向，抑制民間創意參與與非軍事領域之合作可能性。

這使得即使多數民眾在抽樣民調中支持「國土防衛」，卻無法具體轉化為制度參與與日常備戰行動。

五、展望未來：從制度設計到文化信任的建立

若要讓臺灣的民防體系不再是災後補丁或儀式性存在，未來仍需從以下四個方向深化改革：

- 建立民防統籌中心，整合跨部會與地方民力資源；
- 推動民防資訊公開平臺，定期揭露訓練資料、演練成果與基礎設施分布；
- 補助民間社團參與民防教育，降低參與門檻、提升行動誘因；
- 培養「全民任務感」，讓每一個人都知道在戰爭或災難中，自己該做什麼、能貢獻什麼。

第八章　全民國防時代：國家安全的社會化轉型

從地方動員到全民參與：為島嶼打造真正的韌性防線

　　臺灣不缺制度，不缺科技，也不缺願意保護家園的人。我們真正需要的，是一套能讓所有人都參與、理解並相信的全民防衛體系。當民防不再只是緊急手段，而是融入日常生活的集體實踐，這座島嶼的安全，將不再只靠少數人堅守，而是由每一位公民共同守護。

第四節
民兵組織的正當性與控制難題：
　非正規武力的戰略兩難

非正規部隊既可能守護國家，也可能破壞國家秩序。

一、民兵概念的歷史與現代轉型

「民兵」一詞最早源於中世紀歐洲，意指未受正規訓練的平民武裝團體，在戰爭或騷亂時支援國家軍隊。近代民兵組織類型極為多元，從正規軍輔助、地方守備隊，到自發型抗敵民團，形式彈性而流動性高。

進入 21 世紀後，民兵在全球各地戰爭與社會衝突中再度浮現，特別是在下列幾種情境中發揮角色：

- 正規軍兵力不足、邊境治安不穩；
- 中央政府管轄力薄弱；
- 地方社會需自主保護居民安全；
- 戰時動員需快速建立基層戰力。

然而，這類部隊在缺乏明確法律架構與指揮體系時，極易衍生出違法行為、忠誠衝突與控制困難等問題。

■ 第八章　全民國防時代：國家安全的社會化轉型

二、全球案例：合法與失控之間的模糊地帶

1. 烏克蘭：國土防衛部隊的制度化實驗

自 2014 年俄羅斯吞併克里米亞起，烏克蘭即開始發展一系列民兵組織（如亞速營、頓巴斯營），2022 年戰爭全面擴大後，這些部隊納入「國土防衛部隊」(Territorial Defense Forces)，正式編入國防體系。

透過立法與訓練，烏克蘭試圖將這些民兵轉型為正規軍輔助單位，設有階級制度、指揮鏈與法定作戰規範。但初期仍面臨：

■ 地方部隊指揮權模糊；
■ 各組織忠誠對象不同；
■ 特定組織（如亞速營）捲入極右政治爭議與人權質疑。

2. 伊拉克與敘利亞：武裝民兵與國家暴力融合

在伊斯蘭國（ISIS）興起後，伊拉克政府授權什葉派民兵「人民動員力量」(PMF) 協助抗敵，事後編制法定預算並納入國防體系。敘利亞政府則扶持「國防軍」等地方民兵打擊叛軍。

但這類民兵也成為政治派系延伸工具，並捲入迫害、勒索與暗殺事件，顯示民兵若無有效監督，極易反噬政府治理正當性。

3. 臺灣歷史經驗：義勇隊與民防動員體系

臺灣早期的鄉防隊、義勇警察隊等，在白色恐怖時期曾扮演軍警輔助角色。1980 年代後，這些部隊逐漸轉型為民防組織，如今多與地方政府合作進行災防與社區治安巡邏。

但戰時支援國防的能力與定位仍不清晰,亦缺乏具體作戰訓練與法律授權,使得「民兵化」在當前國防結構中屬於概念性討論而非實際部署。

三、民兵合法性的國際法辯證

根據《日內瓦公約》與其第一附加議定書,合法作戰群體須符合下列條件:

- 隸屬於負責任的指揮機關;
- 有固定標誌可與平民區分;
- 公開攜帶武器;
- 遵守戰爭法與國際人道法。

這些規範使得許多實務上的民兵部隊落入灰色地帶——在道義上擁有正當性(如保家衛國),但在法律上不具備完整身分,既不受戰俘保護,也容易成為報復目標。

此外,國際刑事法院(ICC)亦對非正規部隊涉及戰爭罪、人道罪行的成員具追訴權,如剛果的盧本加(Thomas Lubanga Dyilo)曾被起訴,顯示民兵領導者須承擔與正規軍相同的國際法律責任。

■第八章　全民國防時代：國家安全的社會化轉型

四、控制難題與制度設計的挑戰

若一國欲建立具有民兵性質的國土防衛體系，須同時面對四項結構性問題：

- 指揮與法律責任歸屬不明：地方與中央、軍方與警政的指揮界線模糊；
- 忠誠對象不一致：部分志願者來自特定宗教、政治或族群背景，可能產生雙重認同；
- 裝備與訓練標準差異大：軍方管制裝備與戰術要求高，但民兵往往缺乏制度支援；
- 資訊與行動風險增加：不受監督的行動易造成誤判、洩密與民心反感。

這些困境在無妥善制度設計下，極易讓原意為「社會防衛補充」的民兵變質為「治理風險放大器」。

五、臺灣的選擇：
介於制度與社會之間的第三力量建構

臺灣若要發展類似於「全民防衛」的民兵體系，並非不可行，但需聚焦以下關鍵策略：

- 建立明確的法律地位與任務分工：區隔常備軍、後備軍與社區防衛單位的角色，避免責任重疊；

- 納入國防教育與基層演練體系：以社區守望相助隊為基礎，設計可兼具治安、救災與應戰功能之「雙用途編組」；
- 加強媒體與公民溝通：民兵概念若被誤解為「武裝社團」或「極端行動者」，將影響其正當性與社會支持；
- 參考烏克蘭、波羅的海三國立法案例，建立自願役「國土守衛隊」制度，接受正規訓練、統一指揮、平時社區服務、戰時支援作戰。

模糊與必要之間：民兵制度的兩難平衡

民兵組織是一把雙面刃：它既能在關鍵時刻彌補常備軍力不足，也可能在失控時動搖整體安全架構。唯有透過法律制度的明確界定、嚴格的訓練與社會共識的塑造，才能使民兵不再是秩序的隱憂，而是韌性國防的一環。對於臺灣而言，是否能走出「武裝與平民之間」的第三條路，將成為全民防衛體系是否成熟的重要試金石。

第八章　全民國防時代：國家安全的社會化轉型

第五節
數位志願軍：駭客、程式設計師、遠端支援者的戰場新角色

我們不是軍人，但我們為國而戰 —— 在線上。

一、戰爭型態的數位轉向：從火力優勢到資訊優勢

隨著資訊戰、網路戰、認知戰的興起，戰場早已不再局限於物理空間。從社群平臺的輿論攻防、政府網站的網攻防禦，到軍事設備的數位定位與通訊干擾，資訊即戰力，演算法即火力。

在這樣的趨勢下，「數位志願軍」── 由非正規駭客、資安工程師、軟體開發者與遠端協力者組成的資訊戰力量 ── 成為 21 世紀戰爭中極具影響力的新型主體。他們未著軍裝、不進戰壕，卻能在全球任何角落，對敵方發動攻擊或防禦行動。

二、實例觀察：烏克蘭 IT Army 的誕生與影響

2022 年俄羅斯全面入侵烏克蘭後，烏克蘭政府透過 Telegram 頻道，號召全球志願者加入「IT Army of Ukraine」，成為有組織的網路志願軍。

第五節　數位志願軍：駭客、程式設計師、遠端支援者的戰場新角色

短短數週內，該團體即擁有超過 30 萬名註冊者，並迅速進行多項數位攻擊行動，包括：

- DDoS 攻擊俄國政府機關與媒體網站；
- 揭露俄軍行動路徑與假訊息來源；
- 協助監控戰區衛星圖像與設備追蹤；
- 對俄國社群平臺進行訊息反制與輿論操作。

這種跨國、去中心化、匿名與動員速度極快的志願力量，對傳統軍事系統形成一種「數位游擊式支援」，也挑戰了國際法關於交戰方與合法武力主體的定義。

三、臺灣脈絡：從數位韌性到戰時數位動員的想像

臺灣長期面對來自中國的資安威脅與假訊息攻擊，國安會、資通安全處、行政院資安處等單位皆已設置，並逐步建立跨部會資安通報應變機制。

在民間領域，也出現多個資安社群與抗中輿情行動，包括：

- g0v 零時政府社群：致力於開源公共數據、反假訊息工具（如「vTaiwan」、「cofacts 真的假的」）；
- TFC 台灣事實查核中心：協助新聞媒體與公眾辨識不實資訊；
- Forward Alliance（壯闊台灣聯盟）：近年也開始與資安社群合作，納入資訊防衛訓練模組；

■第八章　全民國防時代：國家安全的社會化轉型

- 臺灣資安館與攻防競賽（HITCON、TDOH Conf）：提供資安教育與人才培育平臺。

這些資源雖以教育、開放政府或媒體識讀為主，但在戰爭邊緣狀況發生時，有潛力轉化為具組織的「數位志願軍」骨幹，擔負以下任務：

- 協助政府資安單位進行即時防禦；
- 統整戰區資訊來源與視覺辨識分析；
- 建立匿名通報網路、庇護通訊協議；
- 對敵方認知戰進行反制與破壞。

四、制度設計與風險控管：建立「灰色區域」中的法律邊界

數位志願軍的存在雖具戰略價值，但也伴隨諸多風險：

- 法律責任不明：志願者若攻擊對方民用設施，可能觸犯國際戰爭法或違反中立國法律；
- 指揮與資訊安全問題：若無明確組織管理與指揮鏈，恐導致內部情報外洩或行動錯誤；
- 假冒與滲透風險：敵方可能滲透偽裝成志願軍成員，傳播假指令或破壞防線；
- 過度民間化可能干擾正規國安體系：若國防機制與民間數位志工操作斷裂，恐產生溝通與風險責任模糊的局面。

因此，建議臺灣在和平時期就建立以下制度基礎：

- 數位志工法制化架構：比照消防志工，建立戰時「資安支援者登錄機制」，明確其職責、受訓資格與法律保護；
- 分級指揮體系：由國安會統整指導、行政院資安處與國防部資通電軍指揮部建立技術分層溝通機制；
- 與民間資安社群建立平時合作基地：如建立「資安戰演中心」，在非戰時進行假想演練與交流；
- 法務部協助研擬「戰時數位行動準則」，釐清行動邊界與可攻擊目標定義，避免違法或濫權。

五、數位戰場上的認同與價值動員

除了技術與制度之外，數位志願軍的動員往往來自於認同與價值信仰。烏克蘭經驗告訴我們：「你不是在保護某個政府，而是在捍衛你相信的社會模式與資訊自由。」

因此，臺灣要發展自主的數位志願軍力量，需透過：

- 長期資訊教育與民主價值建立；
- 建立「數位公民即國防支援者」的文化認同；
- 激勵工程師、設計師與資訊社群認識自身技術的國家價值意義。

第八章　全民國防時代：國家安全的社會化轉型

鍵盤上的防線：當國家安全成為全民程式碼

在網路即戰場的時代，戰爭早已不限於武器與血肉，程式碼與資訊就是新的戰力單位。臺灣有世界級的科技人才與自由社群，關鍵在於如何建立制度、文化與信任，將這些力量凝聚為防衛國家的有效支援者。未來的戰爭不只是前線士兵的對抗，更是一場全民鍵盤與螢幕後的決戰。數位志願軍，將是臺灣安全體系中不可或缺的韌性節點。

第六節
民間技術轉用：
無人機、通訊、加密與開源情資的戰場應用

今天的創客，是明天的前線戰力。

一、科技戰爭的民間反轉：從工廠到前線

過去軍用科技多由軍工體系自上而下開發與部署。但在資訊科技普及後，民用技術反向滲透軍事應用，成為非對稱戰力的重要來源。無論是無人機偵查、星鏈（Starlink）通訊支援、公開來源情報（OSINT）或民間加密通訊 App，皆在烏克蘭、敘利亞與納卡衝突等戰爭中發揮關鍵角色。

此現象已被稱為「技術民主化下的戰場平權」：當武力與通訊不再專屬於國家，戰場變得更加開放也更加複雜。

二、無人機與戰場資訊回饋：平價即戰力

無人機（UAV）是最具代表性的民間技術轉軍應用案例。以商用無人機為例，透過改裝、重配與結合地面通訊站，可用於：

- 前線偵查與目標校正；

- 夜間紅外線監控；
- 低空投擲手榴彈與干擾器材；
- 建構三維地形圖，預測火線移動。

在烏克蘭戰場上，志工與開發者合作將民用空拍機轉為偵蒐機，或加裝熱感應鏡頭與遠端發報器進行定點導航。甚至開發手機 App 連動地圖平臺，可將拍攝資料即時傳回後方分析單位。

臺灣也有多個技術社群（臺灣無人機應用發展協會、ArkLab 飛行學院與佐翼科技等，均在推動無人機技術發展與應用上扮演重要角色）與大學研究室投入無人載具研發，具備在戰時迅速組建偵察編隊的潛力。

三、星鏈與加密訊息：民間通訊的生命線

通訊基礎設施是戰爭中最易被破壞的系統之一，因此戰時備援通訊成為民防準備的核心項目。2022 年起，SpaceX 提供烏克蘭「Starlink 星鏈」服務，成為烏軍保持前線與指揮中心聯繫的關鍵依賴。

民間通訊應用方面，以下工具在戰區廣泛使用：

- Signal、Telegram：加密即時通訊平臺，具備端對端加密與匿名群組功能；
- Bridgefy：可在無網路環境中以藍牙中繼傳訊，於 2020 年香港反送中運動廣為使用。

如美國研發之 Beartooth（已停售）與 goTenna（持續更新）系列產品，即屬備戰型行動無線模組，透過 Mesh 通訊技術，在無基地臺環境中建構臨時通訊網路，具備災防、軍警與戰術應用價值。

臺灣目前雖尚未全面部署 Starlink，但國防部與數位部正積極研究衛星網路與防災備援通訊（如數位無線電、MESH 無線區域網），並協助各縣市消防局與應變中心建置「災防通訊備援系統」。

四、開源情資（OSINT）：從鍵盤建軍到戰場視野

開源情報（Open Source Intelligence, OSINT）是指透過公眾資料（社群媒體、新聞影像、地圖、網路論壇）進行戰場分析與預警。其應用包括：

- 比對社群上傳影片與座標定位；
- 追蹤軍事物資移動與補給線；
- 辨識假訊息與心理戰圖文包裝模式；
- 對敵方通訊紀錄與社交行為進行分析重建。

全球最大 OSINT 組織 Bellingcat 已多次發表戰場真相調查報告，證實戰爭罪行與假旗行動。而臺灣 TFC 事實查核中心與 g0v 社群亦具備類似能力，未來可在戰時提供輿情掃描、假訊息反制與事實回報。

此外，民間社群也可結合衛星圖像資料（如 Google Earth、Sentinel Hub）與 AI 辨識模組，自主建構「非軍方圖資協力平臺」。

■第八章　全民國防時代：國家安全的社會化轉型

五、制度接軌與風險控管：如何讓轉用技術成為正規力量

民間技術的應用雖具機動性與創意，但若無制度支撐，仍面臨多項風險：

- 資訊保密與誤導風險：民間組織若未納入軍方通訊體系，可能誤傳座標或洩露戰力部署；
- 責任與權限不明：若發生誤擊、誤導、干擾國際救援，無明確法律責任歸屬；
- 裝備來源與技術控管：部分改裝無人機或通訊模組涉進口限制、衛星授權或軍規頻段管理；
- 敵方滲透與假民間組織操作：假借志工或技術組織名義進行偵測或社會干擾。

因此，應由數位部、國防部與內政部合作建立以下機制：

- 技術志工登錄制度：建立平時資安與通訊專長登記平臺，戰時即可納入指揮鏈；
- 開源軍民合作平臺：由教育部與科技部補助各大學建構「國土科技防衛應用中心」，培訓 AI 圖資、無人機操控與緊急通訊整合；
- 通訊模組法規鬆綁與演練整合：針對合法通訊與空拍應用提供配套執照與演練管道，讓戰時轉用不成法律風險；
- 公私協調會議機制：成立「戰時科技協力會」，由公民團體與政府預設角色、責任與反制計畫。

第六節　民間技術轉用：無人機、通訊、加密與開源情資的戰場應用

科技下放的力量：讓民間成為國防的數位延伸

　　在這個一部手機即可空拍、一條 Telegram 頻道即可動員的時代，國防早已不只是軍中機密，而是全民可參與的行動。真正關鍵不在於誰有最昂貴的武器，而是誰能在最快的時間內，用現有資源組織產生有效反應與抵抗。若能從平時就結合科技教育、社群文化與制度設計，臺灣將不只是科技島，更是戰場上最具彈性與創意的韌性國家。

■第八章　全民國防時代：國家安全的社會化轉型

第七節
「防衛不是軍人專利」：
全民參與下的新國安觀

國防不應只是少數人的責任，而是整個社會共同承擔的文化實踐。

一、全民防衛的多維思考：從軍事到制度與文化

隨著戰爭型態朝向非傳統化、多域混合與資訊優勢延伸，全民防衛（Total Defence）的概念日益受到重視。此一戰略思維不僅強調軍隊本身的作戰效能，更注重：

- 民間資源的系統整合；
- 公民社會的防衛動員力；
- 基層組織的韌性維運能力；
- 資訊與認知領域的防護意識。

這種多維國安觀重新定義了「誰可以參與國防」、「何謂有效防禦」以及「國家如何調動社會力量」，逐步形成從中央政府、地方治理到個人責任的全域參與架構。

第七節 「防衛不是軍人專利」：全民參與下的新國安觀

二、制度層級的轉變：從「國軍主體」到「社會共構」

臺灣歷經威權體制、動員戡亂階段長期以「軍隊為國防主體」的單一結構為基礎，但自民主轉型以來，國防體系逐步導向「軍民整合」、「常備後備共構」與「全民參與式國安觀」的轉型方向。

目前已展開的重要制度轉變包括：

- 《全民防衛動員準備法》修法草案：明訂全民資源調度的法制基礎；
- 教育部納入「國防教育」與「防災教育」整合教材；
- 內政部協調民防團隊、志工組織與災防體系進行災軍協同演練；
- 地方政府納入防空疏散、後勤補給與醫療收容整備任務。

這些措施意味著未來的戰時防衛將不再只是正規軍的事，而是從中央到地方、從機構到社群、從訓練到生活的縱向整合與橫向串聯。

三、公民角色的重新定義：參與不等於上戰場

全民防衛觀的推展，最大關鍵在於「參與角色」的多元化認知：

- 不一定要拿槍才是貢獻；
- 防衛也包含救護、傳訊、資訊、後勤、教育、心理支持與文化認同建構；
- 從公部門到民間組織、從退休人員到在校學生，每個人都能成為安全體系中的一環。

■第八章　全民國防時代：國家安全的社會化轉型

例如：烏克蘭戰爭中，負責開發資訊平臺、協助資料備份、製作反假訊息內容的工程師與設計師，對防衛工作所發揮的實質貢獻，完全不亞於第一線士兵。

臺灣的 Forward Alliance 壯闊台灣聯盟、TFC 事實查核中心、g0v 社群等，也逐漸被視為未來國安結構中「非武裝、非國軍體系內」的戰略資產。

四、國防意識與社會韌性的文化重建

全民防衛觀若要落實，不能僅靠政策宣示或演練排程，而需建構以下三項文化條件：

1.「災防即國防」的認知轉換

透過日常生活中的演練、防災課程與資安教育，使民眾理解戰時與災時的應對行動大致相通，並自然延伸至全民防衛行動邏輯中。

2.「安全就是共同價值」的社會對話

不再將國防視為政黨或立場爭論的議題，而是透過媒體、公民教育與社群對話，將安全建構成全民的共同價值。

3.「戰時反應力即平時韌性」的治理邏輯

平時即建立跨部會合作、民間參與機制，讓戰時能迅速轉換模式與任務。這需要公私協力、社群培力與教育深化三者合力支撐。

五、臺灣的下一步：建構以公民為核心的防衛體系

未來的全民國防不只是動員，而是制度性設計下的生活一部分。建議從以下路徑深化：

- 以高中、大學為核心，建立「全國青年防衛實踐網」；
- 以社區為單位，推動「韌性行動工作坊」結合災防、通訊與庇護操作訓練；
- 以國科會、數發部協力開發開源民防科技平臺，培養全民技術力；
- 以志願制為原則，建立多元角色導向的「全民防衛志工系統」，將醫師、工程師、教師、農民、物流業者等納入平戰轉換系統。

全民的防衛：從義務到參與，從動員到責任

真正的安全，不只是軍事力量的堆疊，而是來自每一個人理解自己與國家命運的連結。當「防衛」不再只是軍人的專利，而是全民共同認知與日常行動的展現時，我們才真正建立起一種屬於臺灣的國防文化 —— 不靠征服他人，而是由千萬個願意守護這塊土地的人民所組成。這，就是未來安全的最大保證。

ം第八章　全民國防時代：國家安全的社會化轉型

第九章
全球軍事重整：
撤退、改造與跨世代挑戰

第九章　全球軍事重整：撤退、改造與跨世代挑戰

第一節
美軍阿富汗撤軍的失敗與教訓：
從帝國治安到戰略錯配的崩解

你可以征服阿富汗，但無法留下。

一、歷時二十年的軍事占領：從正義出師到模糊目標

2001 年，美國為報復 911 事件與追捕賓拉登，發動「持久自由行動」（Operation Enduring Freedom），推翻塔利班政權並長期駐軍阿富汗。這場被稱為「美國最長的戰爭」歷時近 20 年，投入超過 2 兆美元與超過 77,000 名聯軍傷亡，但最終卻以 2021 年 8 月的倉皇撤離與塔利班重掌政權告終。

其失敗關鍵在於：戰略目標從「反恐」逐漸模糊化為「國家建構」與「區域穩定」，卻未能因應當地部族社會結構、政治腐敗與宗教動員等內部因素的高度複雜性。

克勞塞維茲曾強調：「戰爭是政治的延續」，但阿富汗戰爭卻最終成為軍事手段與政治成果脫鉤的典型教科書案例。

二、戰略錯配：戰術成功下的戰略失靈

美軍與北約部隊在技術層面無疑占據壓倒性優勢，無論是無人機打擊、特種部隊行動、監控能力或資源掌握皆為當代一流。然而，這些戰術成功卻無法轉化為政治穩定，原因有三：

- 「過度外包」的戰爭：大量依賴承包商、私人軍事公司與代理部隊，使得美軍無法建立可持續的治理能力，阿富汗政府部門成為「靠補助過活的幻影政體」。
- 文化與部族理解的缺乏：美軍在短期內強推「西方式國家建構」，對當地長期以來以族群、教派、部落為主體的治理方式缺乏彈性調整。
- 資訊過度中心化與決策失速：儘管美軍擁有 C4ISR（指揮、控制、通訊、電腦、情報、監視與偵察）體系，卻未能建立起足以理解社會動態的早期預警系統，對塔利班重整與滲透毫無所知。

這一切導致美國在 2021 年宣布撤軍後，阿富汗政府迅速垮臺，首都喀布爾不到十日便落入塔利班手中，美國苦心扶植的安全部隊「未戰先潰」。

三、喀布爾機場的混亂：失控的戰略收尾與國際震撼

2021 年 8 月，美軍與北約加速撤軍，喀布爾國際機場成為世界媒體關注焦點。數千名阿富汗民眾湧向機場，希望逃離塔利班統治；美軍與外交人員則試圖以空運方式完成撤離。

最震撼的畫面包括：

第九章　全球軍事重整：撤退、改造與跨世代挑戰

- 民眾扒上軍機起飛後墜落；
- 喀布爾街頭爆發爆炸攻擊，造成 13 名美軍與近百名平民死亡；
- 美國政府難以有效安置撤離者，引發國內輿論與盟邦信任危機。

這場災難性撤軍不僅象徵戰略規畫與政治意志的崩潰，也重創美國作為全球穩定力量的形象，進一步促使盟國對「美國承諾」的信心動搖。

四、國防政策上的三大結構教訓

阿富汗撤軍的失敗不只是戰術挫敗，而揭示了三項深層結構問題：

1. 目標與手段脫節的戰略錯配

從反恐轉為民主化，從擊斃賓拉登變為訓練阿富汗警察，戰略目標幾經變化，卻未重新設計整體路徑與資源分配，導致政策懸空。

2. 對「地方知識」的系統性忽略

無論是國際援助、治理介入或軍事協訓，美方過度依賴文件與高層回報，忽略基層與民間真實狀況，產生「資訊泡泡」。

3. 危機情境下的決策僵化

即便情報系統預測塔利班可能反撲，美方高層卻低估速度與範圍，錯失多次預先部署與有序撤軍的時機。

正如博伊德所言：「若敵人掌握節奏，你便輸了。」阿富汗撤軍中，美國即在「節奏感喪失」下陷入全面被動。

五、對臺灣的啟示：盟友、韌性與自我準備

阿富汗撤軍對全球最敏感地緣區域——臺灣——投射出強烈警示。儘管美臺關係與美阿結構不同，臺灣仍可從中汲取幾項關鍵教訓：

- 不能將國防完全外包：即便有盟友支援，自我防衛能力必須足以應對突發情境；
- 地方基層力量要能快速自組織、自行運作，不能完全仰賴中央決策；
- 資訊與民意透明非常關鍵，唯有建立人民對國防體系的信任與參與意識，方可避免「突襲型政權更替」的社會動盪；
- 應及早建立戰略撤離與庇護計畫，將民防系統納入可實施、可演練的應變機制。

失敗的戰爭不是結束，而是重新提問的起點

美軍阿富汗撤軍，不只是失去一場戰爭，而是失去了對「戰略整體性」的信仰與實踐能力。對於今日正面臨複雜威脅結構的各國而言，這場災難提醒我們：國防不只是武力的部署，而是政治決策、文化理解、社會組織與資源整合的總體系統。從阿富汗學到的，不只是不能重蹈覆轍，更是必須學會提早問：我們要用什麼樣的國防準備，才能承受最壞情境，並保有最基本的自我生存空間？

■第九章　全球軍事重整：撤退、改造與跨世代挑戰

第二節
法國非洲撤軍與殖民遺緒的矛盾：
干涉的代價與撤退的失序

法國來自過去的力量，無法解釋今日非洲的怒火。

一、「非洲軍事保護者」的身影：
法國的反恐與影子帝國

自 20 世紀中葉以來，法國長期維持對其前殖民地——特別是西非地區——的軍事與政治影響力。這種結構，被稱為「Françafrique」，意指法國與非洲的特殊後殖民權力網絡。透過軍事基地、菁英聯繫、貨幣控制與安全協議，法國在馬利、布吉納法索、查德、尼日等國扮演著軍事保護者與政治干涉者的雙重角色。

尤其自 2013 年起，法國發動「巴爾赫內」（Opération Serval，後改為 Opération Barkhane），進駐馬利，對抗伊斯蘭極端組織並支援當地政府軍。但此舉也讓法國深陷地緣政治泥淖，不但戰事拖長，反恐成效有限，還激發當地民眾對「外國占領」的政治不滿。

二、撤軍的轉折點：馬利與布吉納法索的軍政逆轉

2021～2023年間，馬利與布吉納法索接連發生政變，原本親法的政府倒臺，改由軍事政權上臺，並公開反對法國駐軍，轉而尋求俄羅斯與瓦格納集團的協助。這幾項變局代表著法國「影子保護體系」的瓦解：

- 馬利於2022年正式要求法軍全面撤離，並中止與法國的軍事協定；
- 布吉納法索在2023年初驅逐法國大使，並要求法軍撤出國土；
- 尼日則在2023年政變後迅速效法，推翻親法政權，加入排法浪潮。

法國原本在巴爾赫內地區部署超過5,000名士兵的反恐聯軍瞬間潰散。撤軍雖快速，但留下權力真空，許多地區落入瓦格納與伊斯蘭極端武裝的控制，治安惡化、政權不穩。

這一連串事件暴露了法國在非洲軍事干涉政策的三大矛盾：

- 政治正當性缺乏更新：雖以反恐為名，但實際上難以說服當地民眾其行動不帶殖民意味；
- 軍事部署與地方治理脫節：法軍多在沙漠地帶與武裝團體交戰，無法有效連結當地警政與社會基礎；
- 資訊與輿論戰全面失敗：社群媒體上「反法」輿論節節高漲，而法國外交宣傳手段過時，難敵俄羅斯訊息戰與地方情緒操控。

第九章　全球軍事重整：撤退、改造與跨世代挑戰

三、軍事力量的邊界：硬實力無法解決的治理難題

法國的撤軍經驗揭示一個深層命題：外來軍力可以清除敵人，卻無法建立社會秩序。儘管法國具備歐洲最強戰力之一，裝備、戰訓與後勤完整，但以下幾點卻成為其失敗關鍵：

- 政治移轉工程缺位：法軍打贏戰鬥，但無法接手戰後重建，地方政府貪腐與軍紀鬆散無法承接成果；
- 國家建構輸入不良：法國推行的安全架構與行政模式未能在當地扎根，多淪為外援依賴體制；
- 與盟邦政策不一：美國與歐盟對於薩赫爾地區安全策略意見分歧，缺乏長期協調戰略，導致支援時斷時續。

簡言之，法國把軍事當作外交與治理的主軸，卻忽略國內社會力量、歷史創傷與文化認同的真實動員力。

四、殖民遺緒的政治再現：軍隊失敗、國家聲望受損

對法國而言，非洲的撤軍不只是軍事撤退，更是「殖民體系象徵性破裂」的劇烈反噬。馬克宏政府雖試圖提出「平等夥伴新架構」、重塑外交話語，但在「國家身分－帝國遺緒－軍事合法性」三者之間難以自洽，呈現以下矛盾：

- 一方面強調民主價值與反恐正義；
- 一方面又延續殖民時期駐軍與安全協定；

第二節　法國非洲撤軍與殖民遺緒的矛盾：干涉的代價與撤退的失序

- 結果在政治話語與實踐落差中失去地方信任。

2023 年 8 月，法國宣布全面從巴爾赫內撤軍，並關閉尼日、查德與布吉納法索等地軍事基地，象徵法非戰略進入結構性收縮階段。

五、給臺灣的警示：援助、聯盟與文化理解缺一不可

法國非洲撤軍的教訓對臺灣有深遠意義。尤其在面對區域安全威脅與潛在國際援助時，需反思以下三點：

- 外援固然重要，但必須建立本土治理能力，避免形成「有國軍、無治安；有聯盟、無國感」的虛假穩定；
- 國防政策應與在地文化與社群互動同步發展，建構可被民眾理解與認同的防衛體系；
- 國際溝通須走在輿論與認知戰前面，建立多語言、跨平臺的主動敘事能力，避免落入他國資訊操控框架。

帝國之後的戰場：軍事行動的代價與邊界

法國在非洲的撤軍不是一次軍事失敗，而是一場治理幻象破滅的實驗。當軍事力量成為外交政策的主軸，卻缺乏政治信任與社會基礎，最終只能留下沙漠中的營區與城市中的憤怒。對所有面臨安全轉型的國家而

■第九章　全球軍事重整：撤退、改造與跨世代挑戰

言，國防必須從社會出發，從語言、歷史、文化出發，否則即使手握重兵，仍終將輸掉整個社會的心。

第三節 中國軍改與印太軍力布局：從戰區整編到遠洋投射的戰略野望

能打勝仗、作風優良不只是一句口號，而是習近平時代軍事轉型的政治試煉。

一、習時代的軍改起點：從黨管軍到強軍工程

自 2015 年起，中國展開一場歷時數年的深度軍事改革，被官方稱為「強軍改革」，其目標不僅是現代化軍力，更是實現「世界一流軍隊」的政治目標。

改革核心方向包含：

- 解構原七大軍區、成立五大戰區：轉向以「聯合作戰指揮」為導向的戰區制；
- 重建中央軍委體系：將原總參謀部、總後勤部、總裝備部、總政治部改編為 15 個職能機構，強化「軍委管總、戰區主戰、軍種主建」的新架構；
- 精簡陸軍、發展海空軍與火箭軍：調整軍種比重，支持「遠海防衛」與「體系作戰」需求；

■第九章　全球軍事重整：撤退、改造與跨世代挑戰

■　政治工作強化：設立軍改「監察委員會」，深化反貪與思想紀律整頓，鞏固「黨指揮槍」的絕對領導原則。

這場軍改不單是技術調整，更是黨內權力集中、軍事決策垂直化與體制中央集權化的過程。

二、五大戰區與東部戰區的臺海重心

中國軍改後設立的五大戰區為：東部戰區、南部戰區、西部戰區、北部戰區、中部戰區。其中，東部戰區作為主導臺灣作戰的核心，戰區範圍涵蓋浙江、福建、江西與上海，轄下部隊包括第 73 集團軍（駐福建）、海軍東海艦隊與空軍東部戰區航空兵部隊。

東部戰區的調整具體反映三項戰略意圖：

■　強化指管聯通：整合海、空、陸、火箭軍部隊，實現多兵種跨域協同；
■　高頻率演訓常態化：如 2022 年裴洛西訪臺後所實施的聯合封鎖演習，展現跨軍種打擊與灰色地帶施壓能力；
■　系統性攻臺模擬部署：透過模擬「封島—奪灘—制電磁—訊息遮斷」四階段任務，準備應對突發與全面作戰可能性。

這些變化意味著中國對臺灣的軍事威脅已從「戰略威懾」逐漸向「行動實體化」邁進。

三、印太區域軍力重構：從近海防禦走向遠洋投射

除針對臺海布局，中國軍改亦強化對印度洋－太平洋區域的軍力投射能力，具體展現在：

1. 遠洋海軍建軍

- 快速建造075型兩棲攻擊艦、055型驅逐艦與航母（遼寧號、山東號、福建號）；
- 在吉布地設立首個海外基地，並可能在巴基斯坦瓜達爾、柬埔寨雲壤等地拓展據點；
- 建立常態化的南海巡航與西太平洋演訓體系。

2. 空軍與火箭軍遠距能力提升

- 配備殲-20匿蹤戰機、運-20戰略運輸機；
- 東風-17高超音速飛彈與東風-26（「關島殺手」）部署，意圖擴張第二島鏈壓制力；
- 積極發展北斗導航系統與天基監控網，強化全球態勢感知能力。

中國此類擴張性部署已引起鄰國與美、日、澳等盟國的高度警覺，促使印太安全秩序逐漸由「海洋開放體系」轉向「區域平衡再編」。

第九章　全球軍事重整：撤退、改造與跨世代挑戰

四、軍改的成效與矛盾並存：整體提升下的制度摩擦

雖然軍改提升了解放軍指揮效率與遠征能力，但仍面臨內部矛盾：

- 軍事訓練與實戰經驗不足斷層：除邊境小規模衝突外，解放軍缺乏大規模聯合作戰實戰經驗；
- 高科技武器運用能力與整合度落差：雖裝備迅速現代化，但人才培養與後勤支援跟不上；
- 反貪與政治控制交疊風險：軍中高層頻傳落馬（在中國指官員因為貪汙、受賄、內幕等醜聞披露而遭到撤職調查）案件，使部分指揮系統面臨不穩定人事震盪；
- 制度僵化與下情不達：聯合作戰雖形式上建制，實際上戰區間資訊整合與指揮效率仍有磨合期。

這些問題在 2023 年「東部戰區遠程火力實彈演練」與南海環境對抗演練中皆曾被外媒觀察指出。

五、對臺灣與印太安全的啟示：戰力外觀與實質落差的理解

臺灣與周邊國家在面對中國軍改與軍力升級時，應抱持「認識其表象，也需理解其內部結構缺陷」的雙重戰略態度：

- 不能高估解放軍戰力整合成熟度，但亦不可低估其在「資訊戰、威懾

操作、低烈度衝突」上的進步；
- 應持續強化不對稱戰力與資安戰備，針對中共跨域協同的策略模擬演練；
- 善用國際聯盟系統進行情報共享與聯合應對，避免陷入被動態勢；
- 建立對中國軍事敘事的主動理解能力，包括解放軍戰略文化、語言符碼與內部政治邏輯。

整軍的野心與系統性風險：軍改下的區域再編

中國的軍改是一場融合權力集中、軍事現代化與戰略意圖重塑的全面工程。它提升了解放軍的硬體效能，也使中國更具「準備使用武力」的能力與意圖。然而，這場改革也暴露出一個現代強權的基本困境：軍隊能否脫離政治管控下的形式主義？聯合作戰能否跨越行政與文化界線？

對印太區域而言，面對這個軍事巨獸，真正的挑戰並非一場大規模衝突，而是如何在日常、外交與灰色地帶中，持續維持平衡與對抗的精準節奏。臺灣，更需以「理解其強，也看見其錯」的雙眼，構築屬於自己的生存縫隙。

■第九章　全球軍事重整：撤退、改造與跨世代挑戰

第四節
南北韓對峙中的戰略演進：
從陸戰守勢到多域嚇阻的轉向

對北韓，最好的應對不是報復，而是讓它永遠不敢動手。

一、分裂半島的軍事對峙：七十年未結的戰爭狀態

韓戰（1950～1953）以停戰協議結束，未簽訂正式和平條約，使南北韓雙方處於名義上仍交戰的臨戰狀態。此後七十餘年，南北韓之間形成一種特殊的軍事穩態：「高張力－低強度」的軍事對峙。

北韓持續以非對稱戰力挑釁，包括：

- 核武試爆與彈道飛彈試射；
- 非正規滲透（如 2010 年天安艦事件、延坪島炮擊）；
- 數位與認知戰（駭客攻擊、假訊息操作）；
- 無預警的邊境軍事挑釁與灰色地帶衝突。

面對這種多變戰略壓力，韓國從傳統「陸地守勢」逐漸邁向多域應對、主動嚇阻與聯盟整合的綜合戰略體系。

二、「三軸作戰體系」的建構：
韓國自衛戰略的技術化與戰略化

自 2017 年起，韓國國防部提出「三軸作戰體系」國防戰略，目的為有效應對北韓核武與導彈威脅，三軸分別為：

- 先發制人打擊系統（Kill Chain）：利用衛星、無人機、偵測雷達發現北韓發射準備，並先發打擊飛彈基地與指揮中心。
- 韓國型飛彈防禦系統（KAMD）：以中程地對空飛彈（如天弓系列韓華系統、LIG Nex1 等公司，並由俄羅斯協助轉移技術，基於俄製 S-350E 設計概念，共同研製）與部署於韓國的美軍薩德系統為核心，攔截北韓飛彈。
- 大規模報復懲罰戰略（KMPR）：一旦北韓動用核武或飛彈，韓軍將以導彈與特種部隊精準反擊其領導層與軍事中樞。

這三軸體系是融合科技、聯盟協同與心理嚇阻的綜合設計，改變了過往單一依賴美軍保護的戰略結構，使韓國具備在關鍵時刻「自主決斷」的應對彈性。

三、軍事改革與聯合體系：
美韓同盟的轉型與獨立化調整

韓國近年來逐步朝向「主體防衛」邁進，但仍高度依賴美韓同盟框架。以下是關鍵變革：

第九章　全球軍事重整：撤退、改造與跨世代挑戰

- 戰時作戰指揮權（OPCON）移轉談判：韓國希望逐步接管自韓戰後由美軍掌握的戰時指揮權，實現作戰自主性；
- 韓美聯合軍事演習制度化：如「自由護盾」、「乙支自由衛士」等年度大規模聯合演訓，模擬核戰、網戰與全方位衝突；
- 海空軍快速擴建：部署 F-35A 隱形戰機、建造輕型航母與多用途驅逐艦，強化遠程投射與島鏈控制能力；
- 網路作戰部隊成立：對北韓駭客攻擊與數位滲透建立反制單位，提升資通安全層級。

這些改革突顯韓國意圖在聯盟依賴與戰略獨立間取得平衡，不是脫離美國，而是強化自身在同盟體系中的主動角色。

四、國防文化與社會整備：兵役制度與民防整合的現代樣貌

韓國社會長期處於「準戰時狀態」，因此國民對於防衛的認知與參與程度普遍較高。其具體表現包括：

- 男性義務役制度仍存在，役期約 18 個月，且與社會接軌程度高；
- 民防團與預備役體系活絡，各市郡均有定期演練；
- 媒體與文化產品反映安全議題頻繁，如《北風》、《鋼鐵雨》等影視使全民國防具備社會話語權；
- 青年世代對國防議題仍具高度關注與討論性，形成「知識國防」、「技術國防」的世代替代想像。

五、灰色地帶應對策略：
從正面對抗到資訊管理與預警整合

北韓近年頻繁運用「非戰爭狀態」手段施壓，包括：

- 漁船與偵察氣球越境；
- 宣傳音響、網路駭客攻擊；
- 地下電臺與 LINE 帳號假訊息操作；
- 擾亂國際媒體敘事主導權。

韓國政府與軍方對此採取「漸進應對」模式，即不立即升高衝突等級，但會進行定點反制、主動資訊披露與危機通報制度設計。

這種「預警－對話－反制」的三段式模型，成為全球處理灰色地帶衝突的重要參考架構。

六、對臺灣的借鏡：
多軸整備、社會韌性與制度預演

韓國模式對臺灣具高度啟發性，尤其在以下三方面：

- 整合多域作戰系統與主動防衛政策：臺灣可建構自有 Kill Chain 與攔截體系，逐步減輕對外軍依賴；
- 制度預演與社會對話同步發展：強化民防、預備役、災防與資訊戰教育整合，讓全民理解戰爭態樣；

■第九章　全球軍事重整：撤退、改造與跨世代挑戰

■ 文化敘事與政策宣傳並進：讓國防不再只是軍事新聞，而是社會參與、生活議題與創意敘事的一環。

危機常態下的戰略動態：學習與應變的制度設計

　　韓國與北韓的長期對峙證明，一個國家即便處於戰略劣勢，只要能持續調整戰略、強化制度、凝聚社會共識，就能穩住國家安全底線。對臺灣而言，面對與中國的複合性威脅，更應從韓國的「準戰爭制度設計」中學習：預先演練不代表預言戰爭，而是讓我們在不可知的風險中，掌握可知的行動節奏。

第五節
日本自衛隊的法律瓶頸與武力運用彈性：和平憲法下的現代軍事變形

我們的憲法否定戰爭，但不代表我們可以否認備戰的必要。

一、和平憲法的兩難：戰後軍力規範的歷史起點

1947 年制定的《日本國憲法》第九條明文規定：「日本國永遠放棄作為國家主權發動戰爭的權利、武力威脅或武力行使。」這條文在戰後國際政治中被譽為「戰後和平主義的象徵」，也是日本政治制度與國際形象的核心之一。

然而，隨著冷戰開始、韓戰爆發與美日安保條約簽訂，日本逐步建立自衛隊（JSDF）作為防衛專責部隊。自衛隊的存在，雖透過「專守防衛」原則合法化，但實質上也逐步成為一支具備完整現代戰力的軍事力量：

- 陸海空三軍編制完整；
- 擁有 F-35A 戰機、宙斯盾級驅逐艦、衛星與飛彈攔截體系；
- 可進行聯合演習、反海盜、災難援助與中東油輪護衛任務。

這使得日本長期面對一項戰略悖論：擁有實力卻缺乏戰力使用彈性，具備軍隊卻不能名為軍隊。

■ 第九章　全球軍事重整：撤退、改造與跨世代挑戰

二、武力運用的法律瓶頸：自衛權的自限結構

日本政府在歷年憲政解釋中，為自衛隊設定以下三大法律性限制：

- 不得行使「集體自衛權」：不得為保衛他國而使用武力（直到 2015 年《和平安全法制》部分修法）；
- 不得部署至交戰區域進行武力行動：自衛隊可參與維和與人道支援，但不得主動參與戰鬥；
- 不得擁有「攻擊型兵器」：如彈道飛彈、航空母艦、長程轟炸機等，原則上禁止擁有。

這些規定確保自衛隊「純防禦」的形象與實質控制，但在區域安全風險升高的情況下，也成為日本防衛政策進退兩難的關鍵枷鎖。

三、「和平主義的修辭與轉型」：從集體自衛到實質再軍事化

自 2012 年起，安倍晉三主政期間逐步推動「國防正常化」進程，具體措施包括：

- 2015 年通過新《和平安全法制有關二法案》：允許在特定條件下行使集體自衛權，如盟國遭攻擊時可出兵支援；
- 擴大自衛隊海外任務：如參與非洲索馬利亞反海盜行動、中東油輪護航；

第五節　日本自衛隊的法律瓶頸與武力運用彈性：和平憲法下的現代軍事變形

- 修改防衛裝備轉移原則：放寬對外軍售與裝備合作，如與英國共同研發飛彈；
- 推動「敵基地攻擊能力」的法理建構：近年提出擁有先制打擊裝備的必要性，如遠程飛彈與無人作戰系統。

這一系列政策使日本在不修改憲法的前提下，逐步擴大自衛隊的武力運用範圍，形成一種實質上的再軍事化而非名義上的「擴軍」。

四、自衛隊的戰略彈性與區域部署調整

面對北韓飛彈威脅、中國海空擴張與臺海緊張，日本自衛隊近年強化以下部署與能力：

- 西南諸島防衛體系建構：在與那國島、宮古島、奄美大島設置地對空飛彈與雷達基地，強化東海第一島鏈控制；
- 開發高超音速滑翔體（HGV）與長程打擊武器：轉變「不能打到對岸」的原則；
- 與美國透過如「利劍行動（Keen Sword）」等大型聯演，模擬外島防衛與奪回、兩棲登陸與空中支援，強化聯合作戰能力；。
- 籌備部署新型海軍陸戰隊（Japan's Marines）：應對突發性島嶼戰事與兩棲作戰需求。

這些行動展現出：即使在和平憲法框架下，日本透過法律、技術與聯盟制度創造出極大的戰略彈性空間。

■第九章　全球軍事重整：撤退、改造與跨世代挑戰

五、對臺灣的啟示：在限制中創造制度應變空間

臺灣與日本雖制度不同，但面對「不對稱威脅下的防衛部署挑戰」有許多可借鏡之處：

- 在不擴張軍力的情況下強化法制與任務轉譯：如將民防、資安、災防納入戰時體系建構；
- 制定明確的「防衛權界線」與社會可接受邏輯，減少政治爭議與誤解；
- 建立國會對防衛政策的有效監督與社會溝通，確保防衛改革具合法性與社會信任；
- 將軍事改革與外交布局相結合：如臺日安全對話、臺美軍事透明合作與區域聯合演訓機制。

和平的鎧甲與彈性的戰力：從日本憲法瓶頸看現代安全策略

日本自衛隊的轉型是一種典型案例：在強大法律限制下，仍可透過政策、技術與制度微調，創造出有效的防衛能力與戰略彈性。這提醒我們：真正的國防強化，並不必然來自修改憲法或爆炸性軍費，而是來自制度設計的深度、法律與現實的連結，以及社會對防衛責任的共識形成。對臺灣而言，如何在政治多元、制度限制與國際夾縫中，建立起同樣具備彈性與韌性的防衛體系，將是一項長期卻極其關鍵的國安工程。

第六節
軍隊現代化與年輕世代的距離：
科技、價值與參與意願的落差

你可以用高科技裝備打造軍隊，但你不能強迫人民為一個他們無法理解的戰爭犧牲。

一、軍事科技進步與徵兵制度的張力

21世紀軍事現代化的核心在於資訊化、自動化、遠距精準打擊與人機協作。戰爭不再是壕溝裡的肉搏戰，而是人工智慧運算、無人機導引與太空通訊節點的整合作戰。

這場技術革命讓軍隊的形象從體力勞動者轉變為數位作戰員，然而，這種轉型在制度與世代之間產生了一道不易逾越的鴻溝。

尤其在仍實施徵兵制的國家，年輕人常質疑：「既然現代戰爭講求專業與技術，為何仍要我們接受低效訓練？我們的服役真的有用嗎？」

■ 第九章　全球軍事重整：撤退、改造與跨世代挑戰

二、全球趨勢：青年對軍事的距離與質疑

在歐美國家，多數已改為志願役制度，並強調職業軍人專業化。但即使如此，軍方仍持續面對人才招募困難、認同感下滑與社會價值衝突等問題：

- 德國聯邦國防軍（Bundeswehr）自2011年廢除徵兵後，長期招募不足；
- 美國軍隊近年面臨招募率創新低，主要原因是年輕人對軍隊生活缺乏吸引力、價值觀差異擴大；
- 瑞典、挪威與丹麥等北歐國家則選擇部分回復徵兵制度，結合社會服務，作為國家韌性體系的一環。

這顯示，單靠制度安排無法解決軍民疏離問題，關鍵在於軍事如何與社會價值與個人認同對接。

三、臺灣現況：科技島上的軍事想像與現實斷層

臺灣2024年起恢復一年期義務役制度，為因應中國軍事威脅而提升全民防衛能力。但此舉也引發青年世代諸多焦慮與爭議：

- 青年普遍支持國防概念，但對「是否需要實際服役」看法分歧；
- 多數役男對訓練內容缺乏信心，質疑「訓練是否符合現代戰爭需求」；
- 高等教育與兵役制度之間協調不足，造成職涯中斷與制度焦慮；
- 軍中人權、尊嚴與學習資源仍待強化，導致服役經驗多為「消耗性勞務」而非「能力性成長」。

第六節　軍隊現代化與年輕世代的距離：科技、價值與參與意願的落差

　　這些現象代表：現代軍隊如未能為青年提供意義與未來性，即便制度重建也難有效整合社會支持。

四、重構軍隊與青年的橋樑：參與、成長與社會價值的三大策略

　　若要讓年輕人願意進入軍事體系並賦予其意義，制度設計需從以下三面著手：

1. 學用整合：軍中教育與轉職資源制度化

- 將軍中訓練與大學學分掛勾（如韓國、以色列已實施）；
- 鼓勵役男參與軍中資訊安全、AI 應用、救災管理等技術導向部門；
- 設立服役後接續職涯轉接輔導，減少青年對服役「時間成本」的焦慮。

2. 價值溝通：用文化與語言重塑軍事意義

- 透過紀錄片、影劇、社群媒體等多元語境傳達軍事文化的現代意義；
- 鼓勵服役經驗分享、軍事志工參與與役後公共服務機制（如預備役任務社區化）；
- 賦予青年選擇服務方式的彈性，如災防支援、資安備援、人道支援等。

■第九章　全球軍事重整：撤退、改造與跨世代挑戰

3. 青年參與式制度設計：國防不只告訴，而是一起想像

- 聘任青年諮詢委員參與軍事政策規劃；
- 建立「青年國防學院」試辦計畫，讓役前青年理解國防政策與戰略邏輯；
- 鼓勵高中與大學推動「國防創新競賽」與模擬應變實作，如災害通訊、資安防護演練。

五、面對未來戰爭：科技世代的參與動能在哪裡？

面對 AI 戰爭、無人機作戰、認知與資訊戰，未來戰場需要的不是更多「服從命令的勞力」，而是：

- 可解讀複雜資訊並快速回應的腦力；
- 具備設計、駭客、語言、心理韌性的跨界人才；
- 能建立數位堡壘、資訊應變、社會支援網的系統思維行動者。

因此，軍隊若要吸引這樣的人才，必須成為一個可以學習、創造與實踐價值的空間，而不只是「時間消耗場域」。

第六節　軍隊現代化與年輕世代的距離：科技、價值與參與意願的落差

讓軍事不只是命令，而是選擇與成長

國防不是某一代人的責任，也不是一場抽象的使命，而是每一代人都能以自身方式參與與貢獻的共同任務。軍隊現代化不能只靠裝備更新，更要同步建立能與青年對話的制度與文化。如果未來的戰爭不再只發生在戰壕與海岸，而是發生在資訊雲端與城市節點，那麼我們更需要打造一支願意參與、能夠思考、懂得轉化危機的青年軍隊。這不只是軍改的終點，而是國防韌性的起點。

■第九章　全球軍事重整：撤退、改造與跨世代挑戰

第七節
國家安全政策的跨世代重建思維：
從戰略穩定到社會共識的再設計

安全不能只是對眼前威脅的回應，它必須是一項跨世代的承諾。

一、安全政策的世代落差：從冷戰經驗到 Z 世代感知

在許多民主國家，國家安全政策的制定長期以來由「冷戰世代」主導，其基本思維架構包含：

- 國家主權至上與軍事威懾優先；
- 外部威脅為主的國防思維；
- 軍隊與政府為安全主體，社會為支援角色。

然而，進入 2020 年代後，新的挑戰不只來自傳統國際對手，更來自全球疫情、氣候風險、認知戰、能源依賴與科技崩解。這些非傳統威脅打破了單一軍事邏輯，迫使國家安全思維從「防線思維」轉向「系統性風險管理」。

Z 世代與 Alpha 世代對於「安全」的理解，早已超越戰爭與衝突本身，更關注：

- 數位自由與隱私；

第七節　國家安全政策的跨世代重建思維：從戰略穩定到社會共識的再設計

- 社會公平與心理韌性；
- 環境穩定與永續生存；
- 資訊真實性與科技倫理。

這種「跨領域、跨時代」的安全觀要求政策制定者思考一個關鍵問題：國防與安全如何在制度與文化上做到跨世代連結？

二、制度重建的轉向：從戰爭準備到社會韌性設計

以色列、芬蘭、瑞典、日本與臺灣等面臨高風險的中小型國家，正進行以下「跨世代安全設計」實驗：

1. 全民防衛與民間韌性融合

不再只靠常備軍與專業安全機構，改以全民參與為基礎：

- 建立數位通報與公民訓練平臺；
- 鼓勵社區災防、資安與認知戰教育；
- 發展多功能志工編組（如資訊支援、災害救援、庇護管理）；
- 學校教育融入「安全素養」與「系統風險」概念。

2. 青年與國安政策的制度化對話

例如瑞典、愛沙尼亞皆設有「青年防衛論壇」、「大學生國防諮詢委員會」，將年輕人納入安全政策流程，提升政策回應度與未來穩定性。

■ 第九章　全球軍事重整：撤退、改造與跨世代挑戰

臺灣可參考設立「青年國防思維委員會」、「國安政策創新競賽」，讓 Z 世代參與數位國安、國土韌性、危機管理等政策提案。

3. 國防科技倫理與法制監理先行

面對 AI 軍武、自主武器、深偽戰術與量子監控等技術，民主國家若無倫理與法規設計能力，將失去技術道德主導權。

建議設置跨部會「新世代軍事科技倫理審議會」，邀請法律、科技、青年、軍事專家共同制定技術風險規範與倫理原則。

三、文化與語言的更新：讓國防論述說得進下一代的心

傳統國安語言常使用「敵人、打擊、防衛、威懾」等高張力詞彙，這些對部分年輕人而言距離遙遠，甚至產生排斥心理。

未來的國安敘事需：

- 語言更新：從「保衛國家」轉向「守護生活方式」、「維護資訊與心理安全」；
- 敘事民主化：讓不同世代、不同性別與族群的安全經驗都能被納入政策設計；
- 視覺化傳達：使用簡報、動畫、互動體驗讓政策「可見、可理解、可回應」；
- 跨媒體演練與故事化學習：如遊戲化模擬、國防電影計畫、社區互動劇場等。

四、未來國安領域的新議題：建構下一代安全主體性

未來的安全政策必須納入以下新變數：

- 氣候安全與糧食鏈危機管理；
- 關鍵基礎設施的數位韌性；
- 心理防衛與虛假敘事辨識教育；
- 開放科技下的主權資料治理與算法透明化機制。

同時，安全主體也不再只是軍警與政府機構，而是包括：

- 資安工程師與駭客倫理社群；
- 城市規劃師與韌性建築設計者；
- 心理學家與社群治理團隊；
- 獨立媒體與事實查核者；
- 青年行動組織與地方防衛志工。

五、對臺灣的再思考：
如何建立一個有未來感的安全架構？

對於長期處於地緣風險的臺灣而言，若國家安全思維仍停留在冷戰語彙與軍事線性部署，將無法吸引下一代參與，也無法建構真正有效的國家韌性。

具體建議包括：

第九章　全球軍事重整：撤退、改造與跨世代挑戰

- 由總統府或行政院設立「跨世代安全治理推動小組」，統合教育、科技、青年與國防部門；
- 在十二年國教中系統性導入「生活安全素養課綱」，結合公民、資訊與自然科領域；
- 建立開放資料平臺，讓民眾可即時追蹤國安政策進展與社會參與窗口；
- 成立「國安青年創新實驗室」，讓 20～30 歲青年能實作、提案並獲資源支持，將創意轉為防衛資產；
- 將「危機演練」常態化為社區活動，讓每一個人不只認識風險，更學會應對風險、連結他人、保護自己與他人。

讓國家安全成為共同語言與世代承諾

　　安全政策不能只是國家對人民的要求，而應是人民對國家、對彼此的共同承諾。當國安不再只是「軍隊準備好沒有」，而是「我們是否準備好一起守護」，國防思維才能真正走出冷戰框架，進入社會、進入未來。對臺灣而言，這不只是安全改革，更是文明進程的一部分──建構一種讓所有世代都能參與、理解與認同的國家安全新語言。

第十章
未來戰爭圖景：
AI、氣候與超國界衝突

■ 第十章　未來戰爭圖景：AI、氣候與超國界衝突

第一節
AI 輔助決策系統的倫理與風險：
當戰爭思考交給演算法

我們開始讓機器決定生命的終結，卻尚未決定它們是否懂得人的價值。

一、AI 入侵指揮鏈：人工智慧從支援工具走向戰略腦

過去人工智慧多用於戰場資訊分析與目標辨識，如無人機影像處理、雷達訊號分類、敵方行動預測等。但近年來，美國、英國、中國與以色列等軍事強國紛紛開發 AI 戰略輔助決策系統（Decision Support Systems, DSS），讓 AI 進一步參與戰爭規劃、任務分派與即時指令推演。

以美軍為例：

- Project Maven：運用 AI 處理無人機蒐集影像，提升目標辨識效率；
- JAIC 聯合人工智慧中心（Joint Artificial Intelligence Center）：開發整合全軍 AI 應用平臺；
- SHIELD 計畫：預測敵方指揮反應與作戰模式，提供最佳回應方案建議。

第一節　AI 輔助決策系統的倫理與風險：當戰爭思考交給演算法

　　這些 AI 不再只是輔助後臺人員，而是進入「作戰計畫生成」、「戰鬥資源分配」與「指揮官決策建議」等核心指令鏈，成為軍事指揮中心中的第二位參謀長。

二、演算法的優勢與偏誤：為什麼人開始依賴機器作戰？

　　AI 在戰場指揮系統中被廣泛引入，主要基於以下三點誘因：

- 速度與規模壓倒人腦極限：現代聯合作戰多域（空、海、陸、電磁、太空）同時進行，僅靠人類難以即時整合與回應；
- 資訊碎片與複雜度提升：AI 能處理大量非結構資料，如社群輿情、天氣影像、通訊節點干擾強度等；
- 減少決策偏誤與心理壓力：指揮官面對極端決策時可能產生「戰爭疲勞」、「責任逃避」等反應，AI 能提供客觀建議。

　　然而，這些「優勢」背後隱藏了深層的風險與倫理矛盾。

三、戰爭機器的道德難題：誰該對 AI 決策負責？

　　AI 決策系統最大問題在於其運作原理的黑箱化（Black Box）。即便是設計者，也無法完全理解深度學習系統如何在多重權重下做出判斷。當 AI 建議發動一場空襲、選擇某個進攻方向或放棄某段戰線時，責任的歸

299

■ 第十章　未來戰爭圖景：AI、氣候與超國界衝突

屬便成為巨大難題：

- 是指揮官？他只是「聽取系統建議」；
- 是程式設計者？他未參與當下情境；
- 是機器本身？它無法律人格與倫理認知；
- 還是整個系統的開發國家？則將成為國際法律爭端的新邊界。

正如 2020 年亞塞拜然－亞美尼亞戰爭期間，以色列製無人機進行自動攻擊造成平民死傷，國際社會即陷入爭論：「是誰允許這場自動判決發生？」

四、制度困境：法律與軍令系統跟不上技術躍升

目前國際社會尚未就 AI 軍事應用建立明確規範，導致以下困境：

- 無戰爭法明確界定 AI 指令效力：日內瓦公約未涵蓋 AI 角色；
- 各國對 AI 軍事使用定義與透明度不一：美國強調人機協同，中國主張「適度自主權限」；
- 缺乏戰時審計與算法驗證機制：作戰過程中如有誤殺、誤判，極難事後溯源。

聯合國武器公約會議曾提出 Lethal Autonomous Weapon Systems (LAWS) 初步原則，但因美、中、俄對「人類控制程度」歧見嚴重，至今難以形成強制條約。

五、人與機器共存的戰爭未來：可解決的三項挑戰

要讓 AI 參與軍事指揮系統成為安全與合法的機制，必須同步面對三項制度挑戰：

- 可解釋性：開發可追溯邏輯與運算過程之 AI 架構，讓指揮官能理解建議基礎；
- 責任鏈條：建立明確法律框架，規定 AI 參與戰鬥決策時的指揮者責任；
- 人機協議制度：法律上明訂關鍵決策必須有人類授權，禁止「全自動致命行動」發生。

這些挑戰不只是技術問題，更是法律、政治、倫理與文化層面的全方位議題。

六、對臺灣的思考：小國 AI 軍事轉型的邊界與機會

臺灣正處於國防科技轉型期，國防部近年積極研發無人機、自主系統與 C4ISR 強化，但仍面臨資源有限、人才斷層與制度準備不足的問題。

建議臺灣在引進 AI 作戰系統時：

- 以「輔助決策」而非「指令替代」為原則；
- 發展屬於臺灣本地語言、社會文化語境的戰場 AI 演算法；
- 建立「演算法戰時審計室」，設置跨部會監督機制；

第十章　未來戰爭圖景：AI、氣候與超國界衝突

■　鼓勵青年工程師參與國防科技倫理設計，培養戰場 AI 的「價值敏感工程師」。

AI 可以輔助決定戰爭，但不能替代決定戰爭的倫理

AI 讓戰爭變得更快、更準、更冷靜，但也更遠離人類的倫理直覺與責任機制。未來的軍事指揮中心可能有一半由演算法組成，但真正決定是否按下開火鍵的那一刻，仍必須由人類承擔道德的重量。否則，我們將走向一場無法控訴也無法挽回的戰爭機械化時代。對於每一個願意走向科技國防的國家而言，這不只是戰力問題，更是一場關於人類角色與道德疆界的最終考驗。

第二節
戰場模擬器與數位孿生作戰：
當衝突先在虛擬世界發生

在 AI 與模擬器面前，未來的戰爭早已演過千百次，只等真實世界跟上。

一、從沙盤推演到虛擬孿生：戰場模擬的演進路徑

傳統的軍事推演與演習倚賴人工沙盤、指揮所模擬與兵棋圖演等方式，但進入 21 世紀後，隨著演算法運算能力、3D 模擬技術與資料分析結合，「數位孿生戰場（Digital Twin Battlefield）」的概念應運而生。

數位孿生，原為工業工程術語，指建立與現實同步的虛擬模型。應用至軍事領域，即代表一個高度真實、可即時更新的戰場虛擬分身，具備以下特徵：

- 即時回饋現場數據（地形、氣候、敵我位置、感測器資訊）；
- 結合 AI 預測模型，模擬敵我戰術反應與資源分配變化；
- 可透過 AR/VR 技術進行沉浸式指揮演練與危機模擬。

這不僅提升了戰場預判與決策品質，更改變了整體作戰規劃流程——戰爭，先在雲端發生一次，再進入現實。

■第十章　未來戰爭圖景：AI、氣候與超國界衝突

二、主要應用案例：軍事大國的數位戰場實驗室

美國、英國、中國與以色列等國近年皆建構「軍事級虛擬作戰平臺」，以支援聯合作戰演練、部隊訓練與新型兵器測評：

美國 Project Convergence（美陸軍）

- 結合衛星、無人機、感測器與 AI 分析模組，打造整體戰場即時圖像；
- 在「虛擬戰場」中模擬打擊流程，讓 AI 建議火力配置與資源轉移；
- 指揮官在作戰開始前已能透過模擬平臺多次試演各種戰術走向。

英國 Defence Synthetic Environment Platform（DSEP）

- 開發國防數位環境系統，模擬城市戰、聯合國維和、反恐任務等；
- 可與盟國系統互通，執行跨國虛擬聯合作戰。

中國「戰區聯合作戰指揮資訊系統」

- 推出結合北斗系統的即時演算平臺；
- 強調軍種間協同演練、突發狀況即時推演，支援東部戰區等演習部署。

這些模擬系統越來越不只是「戰前演練」，而成為戰時實況支援與自動化決策的指令中樞。

三、數位孿生的作戰革命：超越訓練的三大功能

數位孿生戰場技術不僅改變訓練方式，更逐步滲透到整體軍事思維中，帶來以下三種重大戰略效益：

1. 戰略預測力提升

模擬器可結合歷史資料與即時感測資訊，運算不同場景，預測敵方反應與風險等級，讓指揮官提早判斷戰局走向。

2. 決策速度優化

在多域作戰中，指揮官需整合陸、海、空、電、網五域資源，模擬器提供整合視覺化介面，將繁瑣資料轉化為「可行動資訊」。

3. 資源分配效率化

藉由模擬器測算不同兵力部署或武器使用結果，有助於提前做出成本—效益最優解。

四、風險與挑戰：虛擬戰場不等於真實戰爭

儘管數位模擬器帶來巨大利益，但其潛在風險亦不可忽視：

- 演算法偏見：若模擬器訓練資料不夠多元，容易重複既有偏誤；
- 虛擬—現實落差：模擬結果過度依賴「理想化假設」，可能忽略真實情境中的變數與人性；

■ 第十章　未來戰爭圖景：AI、氣候與超國界衝突

- 心理依賴風險：指揮官習慣「預知未來」後，可能忽略現場即時資訊與直覺反應；
- 資料安全與演習外洩：模擬器資料庫若遭入侵，將使敵方得知軍事計畫與兵力配置邏輯。

因此，模擬器並非決策者的替代者，而應是輔助工具之一，需透過多重監管、模組交叉驗證與人機協同操作，避免技術「反噬」軍事規劃。

五、對臺灣的啟示：建立自主模擬系統的關鍵時機

面對灰色地帶衝突與非對稱作戰需求，臺灣極需建構屬於自己的數位模擬與作戰推演平臺。建議從以下三個方向著手：

- 國防科技整合：結合中科院、數位部與民間模擬系統開發商，研製自主作戰模擬器；
- 教育訓練推廣：在大專院校、軍事學校與民防體系導入戰場模擬課程；
- 數位演練常態化：建立每季一次的跨部會虛擬演練制度，模擬天然災害、封鎖危機與通訊中斷應變。

唯有讓模擬成為政策規劃的一環，才能提前推演危機，掌握主動權。

第二節　戰場模擬器與數位孿生作戰：當衝突先在虛擬世界發生

戰爭在模擬中開始，也應在模擬中預防

戰場模擬與數位孿生技術，讓軍隊不再只靠經驗與本能作戰，而是借助演算法與資料提前洞察未來。但同時也提醒我們：模擬並非現實，它可以幫助我們預演衝突，但無法替我們承擔錯誤判斷的後果。

對於每一個面對不確定未來的國家而言，建立數位戰場，不是為了挑起戰爭，而是為了減少戰爭、預防戰爭，甚至，有朝一日，避免戰爭。這就是模擬的真正價值。

第十章　未來戰爭圖景：AI、氣候與超國界衝突

第三節
殖民火星前的地球戰場模型：
當太空夢境揭露地緣戰略的現實困局

我們總以為太空是人類未來的解答，卻忽略我們還無法在地球上妥善分配氧氣與水源。

一、火星殖民的戰略轉喻：太空競逐下的地球鏡像

當億萬富豪與太空公司如 SpaceX、Blue Origin、NASA 等機構將「殖民火星」作為科技願景與人類未來出路時，這場星際擴張的敘事，也不過是人類在地球上未解的戰爭與資源問題的延伸。事實上，殖民火星的相關計畫披露出我們在面對地球有限資源與安全配置時的諸多矛盾：誰能分配資源、誰能進入新領域、誰能定義主權、誰能控制生存環境？

在此情境下，火星不再只是一個科技命題，而是一種戰略模型的「外星投影」：將地球上未竟的國家間競逐、空間控制、資源壟斷與社會階級，轉化為火星地表上的模擬戰場。這不只是對未來的想像，而是對現實的不滿與權力分配的預演。

第三節　殖民火星前的地球戰場模型：當太空夢境揭露地緣戰略的現實困局

二、火星模擬與地球衝突的對位性：模擬器背後的國際秩序重演

近年全球各地建立「火星模擬基地」，如夏威夷的 Hi-SEAS、猶他州的 MDRS、以色列的 D-MARS 與中國的「火星一號基地」，實質上是一種將戰場思維置入科技訓練的空間實驗：

- 封閉系統內的資源競爭：模擬火星生活必須面對氧氣、水源、食物、能源等封閉分配邏輯，其運作模型與人類面對能源危機與氣候變遷後的「戰時經濟體系」如出一轍。
- 生存優勢與階級再生：誰能參與太空殖民？誰有資格進入「選民基地」？這與氣候戰爭後高地與資源避難所的分配邏輯雷同。
- 多國科技資本代理競逐：NASA、CNSA、ESA 與企業之間的模擬合作，實為全球新型軍事—資本聯盟的預演。

殖民火星的過程正是在複製一套嶄新的「前戰爭秩序」：高度封閉、軍事化、科技集中與階級內嵌的生存架構——這些機制，亦正在地球上悄悄實現中。

三、空間控制與資源戰爭的地緣邏輯重置

火星戰場模型帶給地球最大的戰略啟示，是「空間主權」概念的翻轉。在地球，疆界多為歷史結果與國際條約所形塑；但在火星，一切疆界由先行者科技能力與後勤維持能力決定。

■第十章　未來戰爭圖景：AI、氣候與超國界衝突

這讓我們回到戰略地緣學的起點：

■ 誰控制高地，誰擁有資訊優勢（地球版即是太空衛星控制）；
■ 誰能構築封閉自足系統，誰才能長期駐守戰區（模擬火星基地如臨戰堡壘）。

地球上的南極、大洋海溝、月球背面與外太空軌道，皆成為「無人統治、但有意競逐」的準軍事資源區。

模擬火星，也即是模擬後人類地球資源秩序：當傳統領土失去意義，「可維持生命的空間」成為新主權與新戰爭焦點。

四、科技殖民與數據主權的衝突前哨

火星殖民不僅是物理空間的探索，也是數據主權與通訊壟斷的延伸。例如：SpaceX 的 Starlink 系統未來若成為地外星球通訊唯一載體，則意味著某個私營企業將掌握整個星球的通訊與資訊流控制權。

同理可見：

■ 在地球，5G、低軌衛星與資訊主權爭奪日益激烈；
■ 國與國之間圍繞於通訊協議、晶片主權、數據監控的對抗模式，與火星模擬中的封閉通訊架構彼此呼應；
■ 未來火星殖民基地的資訊安全與資料倫理問題，即為當下資安戰爭的預演版本。

第三節　殖民火星前的地球戰場模型：當太空夢境揭露地緣戰略的現實困局

這些發展顯示：科技競賽的最終結果，不是誰先登陸火星，而是誰能控制那裡的通訊、資源、生存節點與認知空間 —— 亦即，一場新的「全球地緣主權秩序試煉場」。

五、對地球戰爭模型的回應：
虛構未來如何反映現實軍事轉型

火星戰場的模擬意涵，最重要的不是未來能否殖民成功，而是如何藉由對極端環境的模擬，反思地球上人類安全結構的根本限制。

模擬火星，其實是在模擬：

- 當全球糧食鏈斷裂、氣候失控、疫病流行後，人類如何進行社會秩序重建？
- 當都市無法維生、能源中斷、國界崩解時，哪種「後國家型社會」才具備存續韌性？
- 軍事如何不只是作戰單位，而是資源維運、秩序管理、科技治理的主體？

簡言之，火星模擬場景正是當代軍事戰略對「複合式危機下生存秩序建構」的一次總體預演。

■ 第十章　未來戰爭圖景：AI、氣候與超國界衝突

六、臺灣的模擬機會：從災防演練到全國韌性測試場

臺灣作為高風險地區，應將「模擬未來戰爭環境」視為常態國土規劃工具。建議如下：

- 整合科技部、國防部、教育部，建立「韌性模擬基地」模擬戰時社會運作（水電通訊斷、物流中斷、假訊息氾濫）；
- 推動「青年國安沙盒挑戰賽」，讓學生與技術社群模擬極端情境解決方案（如地下避難所、太陽能緊急生電、校園物資自治系統等）；
- 鼓勵各縣市建立模擬基地（如地底學校、空拍防禦區、開放式訓練區），平時為教育中心、戰時為避難節點。

這些並非科技空想，而是「讓模擬成為制度」的必要政策躍進。

在殖民火星之前，我們先得學會治理地球

殖民火星的想像，若不能伴隨對地球治理體系的深層反思，最終只會複製階級壓迫、資源壟斷與戰爭衝突的災難。與其仰望星空，不如正視腳下的土地──模擬火星生活，不是為了逃離地球，而是為了更有智慧地守住這顆星球。

我們該思考的，不是「如何在火星打仗」，而是「如何避免讓地球變得像火星」。這，就是所有未來軍事與國防政策應該最先解答的問題。

第四節
氣候變遷引發的生存型戰爭：
當氣溫上升成為戰火的導火線

未來的戰爭，不會為了疆界發生，而是為了飲用水、糧食與可呼吸的空氣。

一、氣候變遷作為戰爭的結構性驅力

當我們談論氣候變遷帶來的風險時，往往聚焦於災害、經濟或環境議題，但近年已有大量研究指出：氣候變遷正成為 21 世紀衝突與戰爭的重要根因之一。不穩定的氣候破壞農業、加速水資源枯竭、激化族群遷徙與資源競爭，進而引爆地方性戰爭、國境衝突甚至跨國難民危機。

學術界將這種衝突稱為「生存型戰爭」，其特徵為：

- 發生於環境脆弱區（如非洲之角、南亞乾旱地帶、太平洋小島國）；
- 起因非政治主權，而是為了獲取水、土地、生存空間等基礎資源；
- 多數無明確交戰軍隊，而為民兵、武裝團體、遷徙族群或私軍所構成。

這些戰爭形態不但更難被國際法定義，也讓現有的「戰爭－和平」二元分法失去意義。

■第十章　未來戰爭圖景：AI、氣候與超國界衝突

二、實例剖析：氣候衝突的五大典型案例

1. 蘇丹達佛衝突

從 2003 年起，因沙漠化導致水草地退縮，遊牧民族與農耕族群之間的競爭加劇，政府軍與民兵團體在達佛爆發激烈衝突，造成超過 30 萬人死亡，聯合國將其定義為「第一場因氣候變遷引發的種族衝突」。

2. 敘利亞內戰的氣候觸發因素

2006～2010 年間敘利亞經歷歷史性乾旱，導致大量農民破產遷入城市，社會不滿升高。儘管政治壓迫是內戰主因，但氣候災害構成了導火線之一。

3. 印度與巴基斯坦的水資源爭端

喜馬拉雅冰川融化影響恒河與印度河水源分布，印度與巴基斯坦對於上游水壩控制產生激烈爭議，被視為未來可能爆發「水戰」的高風險地區。

4. 太平洋小島國移民壓力

吐瓦魯、吉里巴斯等小島國面臨海平面上升威脅，開始與紐西蘭、澳洲協商「氣候移民」安置問題。部分國家內部出現「不歡迎難民」的軍事化防邊言論，已形成地緣政治緊張。

5. 納加蘭邦與緬北地區的山地族群衝突

在南亞與東南亞交界的山地地區，因氣候極端造成林地稀缺、野生物資減少，族群間為爭奪狩獵與耕作空間爆發頻繁武裝衝突，這些衝突多由當地部落武裝與非正規軍組成。

這些案例揭示：氣候不只是背景，而是戰爭本身的一部分。

第四節　氣候變遷引發的生存型戰爭：當氣溫上升成為戰火的導火線

三、國際安全架構的再定義：當氣候變成戰略議題

過去安全議題以「軍事防衛」為主體，如今「氣候安全」正成為新戰略中心。以下三點為關鍵轉向：

- 氣候列為國安優先議題：2021 年拜登政府首次將氣候變遷納入《國家安全戰略》，北約亦在 2022 年發布《氣候變遷與安全進展報告》，要求盟國整合氣候風險進軍事部署與能源使用規劃。
- 災防－軍事協同擴大化：如德國 Bundeswehr、加拿大軍隊、臺灣國軍皆強化參與氣候災害應變任務，形成「平戰模糊化」的新型軍事任務圖譜。
- 地緣衝突重心轉移：未來衝突熱點將從傳統軍事前沿（邊境）轉向「氣候邊界」——即水源交界、高海拔水塔、高熱風暴線、永久凍土退縮地等。

這些變化要求軍事學與國際關係學全面重寫其理論架構。

四、未來戰爭型態：從能源戰到氣候霸權

在氣候加速變化情境中，未來的「戰爭」可能不再由導彈或戰車主導，而是由下列方式組成：

- 氣候武器化：操縱雲層、地震誘發、天氣變動干擾敵國農業或能源鏈；
- 氣候難民治理戰：為防止大規模氣候遷徙潮，強國以軍事方式封鎖邊界、甚至提前「占領」氣候友善區域；

■ 第十章　未來戰爭圖景：AI、氣候與超國界衝突

- 環境基礎設施爭奪：搶占冰川融水、淡水水庫與淨水設施，成為新型戰略目標；
- 氣候資訊爭奪：氣象數據與模擬預測成為作戰關鍵，掌握即時氣候數據等同控制資源戰節奏。

這些新型戰爭將深刻改變軍事策略、國防預算分配與全球秩序邏輯。

五、臺灣的應對思維：從島鏈戰略到韌性國土防衛

臺灣雖未直接捲入氣候戰爭衝突，但極易受其外溢效應波及：

- 極端天氣導致能源與交通中斷，影響作戰與物流調度；
- 全球氣候移民可能造成地緣區域壓力升高，增加邊界控制負擔；
- 水資源競爭與糧食進口安全成為「非軍事型戰略目標」。

因此建議：

- 將氣候風險納入國防規劃，建立「氣候戰略分析小組」整合環保署、國防部、數位部與科技部預警模型；
- 推動「韌性島嶼政策」，加強備援電網、太陽能軍營、水資源自治社區設計；
- 軍民合作防災制度強化，將氣候災害應變演練與戰時後勤整備整合化設計；
- 在教育體系中納入「氣候安全素養」，讓下一代理解生存型衝突與永續防衛的連結。

第四節　氣候變遷引發的生存型戰爭：當氣溫上升成為戰火的導火線

當氣候成為敵人，國防也必須改寫任務

我們或許無法阻止暴風雨、乾旱或冰川消融的到來，但可以選擇是否用「戰爭的智慧」來管理氣候變遷帶來的衝突風險。未來的國防，不能只防飛彈，更要能防水災、熱浪與資源爭奪。

氣候變遷不再只是環保問題，而是國家存續問題。這場「看不見敵人」的戰爭，將成為所有國家下個世代共同的戰場。

第十章　未來戰爭圖景：AI、氣候與超國界衝突

第五節
全球公民軍：
國際志願者與無國界部隊的興起

當國家不再是唯一召喚戰士的聲音，人類的責任將從疆界延伸到信念。

一、跨國志願者的戰鬥身影：
21世紀新型戰爭參與模式

從敘利亞內戰到烏克蘭戰場，21世紀的衝突呈現出一個顯著趨勢：越來越多來自不同國家的平民自願加入他國戰爭，以理念、正義或人道為名，組成跨國戰鬥單位，突破國籍、種族與軍事編制的傳統界線。

這種「全球公民軍」的概念，起源可追溯至1930年代西班牙內戰的「國際縱隊」，但其在21世紀的復甦，則結合了網路動員、跨國捐助、數位通訊與去中心化武裝的時代特徵，逐漸發展為一種去國家化的新型軍事主體。

二、當代實例：無國界戰士的五種形貌

1. 烏克蘭領土防衛國際軍團 (International Legion of Ukraine)

2022 年俄羅斯入侵烏克蘭後，數千名外國志願者響應總統澤倫斯基的公開號召，組成烏克蘭國際軍團，成員來自美國、加拿大、英國、波蘭、南韓與日本，部分曾具軍事背景，亦有平民、醫護與技術人員。

2. 庫德族女兵與歐洲志工

在敘利亞北部，庫德族自衛部隊（YPG、YPJ）吸引大量歐美左派志願者加入對抗伊斯蘭國（ISIS），其中不乏女性與無軍事背景青年，強調反壓迫、女性解放與地方自治的理念動員。

3. 羅興亞人與孟加拉志工網絡

因緬甸迫害逃離的羅興亞族人在孟加拉國境內建立非正規防衛組織，並吸引穆斯林國際志工參與教育、治療與自衛訓練。

4. 敘利亞白頭盔與國際人道協力隊

白頭盔行動隊雖非軍事單位，但由在地志工與外國急難專家組成，穿梭於戰區瓦礫中搶救平民，展現人道救援即戰場參與的另一種形式。

5. 駭客志願軍與資訊兵團

數位領域中亦出現「無國界戰士」，如 Anonymous 成員協助烏克蘭進行駭客攻擊、資訊揭露與反宣傳作戰，展現「全球資訊義勇軍」的新型態。

■第十章　未來戰爭圖景：AI、氣候與超國界衝突

三、動員基礎與參與正當性的重構

這些非正規、非國籍部隊之所以能快速動員，背後依賴幾個關鍵基礎：

- 網路敘事平臺與即時影像：社群媒體、Telegram、YouTube 等平臺使戰場資訊即時傳播，引發道德共鳴與身分認同（如：「為自由而戰」的敘事）。
- 群眾募資與資源去中心化：透過 GoFundMe、Patreon 與加密貨幣等平臺籌措資金、器材與醫療物資，不再依賴國家後勤。
- 心理價值動員高於國家認同：許多志工表示參與不是為了烏克蘭或敘利亞，而是為了「保護人性」、「對抗壓迫」、「實踐個人信仰」。

這些力量的崛起，正重塑「誰有資格參與戰爭」的傳統邏輯。

四、國際法與合法性灰地帶：戰士還是僱傭兵？

儘管志願者行為多基於正義與理念，但在國際法體系中仍存在諸多未解之處：

- 《日內瓦公約》未明確界定國際志願軍地位，其戰俘待遇、作戰權限、法律保護皆處灰色地帶；
- 許多國家（如美國、英國）對公民參與他國軍事行動持模糊態度，既未全面禁止，也未承認其合法性；

- 志工間缺乏明確指揮鏈與規範，易陷入「正義與暴力交界的混沌區」，若濫用武力、違反人權，將無明確問責機制。

因此，無國界部隊的出現，也促使國際法律界開始討論：是否應為這類「信念型作戰單位」建立新型規範？

五、對國家軍隊的挑戰與激勵：專業性、透明性與公共信任

全球公民軍的興起對國家軍隊構成兩種力量：

- 挑戰：志願者的高道德動機、公開行動與社群記錄能力，讓國家軍隊在透明度、正義性與人權紀錄上倍感壓力，難以再以「軍事秘密」掩蓋失誤；
- 激勵：志工展現對自由與價值的堅持，提醒國家軍事制度不能僅靠命令與編制，更需建構「公共信念支持」為根基的軍事文化。

國家軍隊若能與志願軍相互理解、協調與合作，將有機會重建軍民信任與新時代的「國防社會連結」。

六、臺灣的政策參考：全民防衛的倫理與多元路徑

臺灣在面對潛在戰爭風險時，應視國際志願軍現象為重要參考，特別在以下幾個面向：

第十章　未來戰爭圖景：AI、氣候與超國界衝突

- 建立「非戰鬥型志願編組法制」：如醫療、運輸、資訊、災防志工部隊，納入國防動員架構，保有人道中立地位；
- 規劃「海外支援與技術協力體系」：例如成立「臺灣國際災難救援隊」、「資安防護志工隊」，可於區域衝突或自然災害中展現行動能量；
- 推動「參與式國防敘事建構平臺」：讓民間團體、公民記者、數位內容創作者共同參與國防公共溝通，提升防衛價值的文化深度；
- 設置「志工參與者權益保障法」：如志願役後備支援人員之職涯轉接、心理輔導、健康保障與法律保護等。

臺灣若能理解戰爭早已不再只是職業軍人的專業領域，而是全民參與、跨域協作的系統性挑戰，才能在未來衝突中建構真正有韌性的全民防衛體系。

在疆界之外，為信念而戰

全球公民軍的出現，並不是國家失敗的證明，而是國家之間責任分配失衡的回應。當國際秩序難以即時伸援，當主權框架未能保障人民生存時，來自世界各地的志願者選擇走入戰火，證明人類在混亂之中仍能為信念而行動。

這些「無國界戰士」讓我們看見，真正的國防不只是保家衛國，而是讓世界的正義不再等待命令。他們用行動告訴我們：戰爭也許由國家發動，但和平，往往由人民主張。

第六節
資安、金流與虛擬戰爭的糾葛：從數位攻防到無聲的衝突

你可以癱瘓一個國家，不用一槍一彈，只需控制它的伺服器與帳本。

一、無形戰爭的現代樣貌：當國防轉進雲端與鏈條

在傳統戰爭中，占領國土意味著實體控制；而在現代戰爭中，癱瘓電網、竊取金融資料、操縱市場價格與侵入指揮系統，即可造成戰略性的社會停擺與軍事瓦解。

這種戰爭不會登上即時新聞畫面，卻已潛伏於日常生活之中——當你開不了水龍頭、提款卡無法使用、電力系統莫名當機、網路塞車或訊息爆量時，你或許已是虛擬戰爭的受害者。

「虛擬戰爭」並非虛構，而是結合資安攻防、金融操控與資訊滲透的複合性行動，逐漸成為新時代的主戰場。

第十章　未來戰爭圖景：AI、氣候與超國界衝突

二、資安戰爭：當攻擊來自匿名鍵盤後

1. 國家級駭客行動的軍事化

以色列與伊朗的駭客對戰、美國的 Stuxnet 病毒攻擊伊朗濃縮鈾設施、俄羅斯對烏克蘭電網的定向攻擊，皆已表明：資安事件早已超越情報收集，進入實體戰術操作領域。

根據美國網路安全局（CISA）資料，一場針對水電基礎設施的精準攻擊，可能造成與飛彈齊發等值的社會恐慌與經濟損失。

2. 駭客傭兵與資料外包戰爭

近年出現大量「駭客外包部隊」，如俄羅斯的 Fancy Bear、中國的 APT41、美國的軍事承包商 CrowdStrike 等組織，在網路空間執行「國家任務但無國籍責任」。這使得歸屬與責任難以釐清，模糊戰爭法與國際法的適用邊界。

三、金流系統的戰略性武器化：金融的數位國土

1. Swift 系統與經濟制裁的延伸戰場

2022 年俄烏戰爭爆發後，歐美對俄羅斯祭出前所未有的「金融戰爭」，包括將其多家銀行排除在國際 Swift 交易系統之外。這種操作等同於使一國金融系統遭遇「數位封鎖」。

2. 加密貨幣與戰時金援鏈條

在戰爭爆發初期，烏克蘭政府迅速啟用多種加密貨幣錢包募集國際捐款，短短一週內即募得超過 5,000 萬美元。顯示出數位金流成為抗戰資源的新動脈。

同時，亦出現假冒烏克蘭官方的詐騙捐款網站與釣魚錢包，造成全球支援者損失，突顯戰時金流環境的資訊戰風險。

3. 中國數位人民幣與去美元化戰略

中國積極推行數位人民幣（e-CNY），不僅是國內支付系統革新，更被視為一項對抗美國金融制裁體系的國家戰略工具，未來可能與「一帶一路」結合成區域金融自足區塊，改寫戰爭經濟制衡邏輯。

四、資訊滲透與認知戰的貨幣版：操縱市場即操縱戰爭心理

虛擬戰爭的第三面向是認知滲透結合金融波動，操控社會心理與市場信任：

- 透過假訊息引發銀行擠兌（如 2016 年孟加拉銀行網攻事件後的大規模提款潮）；
- 操縱股市、匯率與能源價格來施加地緣壓力（如天然氣供應影響歐洲對俄立場）；
- 利用社群平臺散播不實通報，讓民眾對政府處理災害與危機能力喪失信任。

第十章　未來戰爭圖景：AI、氣候與超國界衝突

這些行動使得國家安全已不再只是主權與疆界問題，而是「社會系統的穩定與信用延續」的問題。

五、對臺灣的挑戰與韌性對策

臺灣作為資訊密集型社會與半導體供應鏈核心地區，正面臨以下三重風險：

- 基礎設施攻擊風險高：水庫洩洪系統、發電廠、機場塔臺與醫院後臺皆為高風險對象。
- 社群資訊攻擊頻繁：選舉期間、大型災難時常出現大量來自境外的假訊息與認知操控。
- 金流與資安體系割裂：金融科技發展迅速，但與國防體系接軌不足，缺乏整合性風險通報平臺。

建議對策包括：

- 建立「資安－金融－國防三位一體聯合演練體系」；
- 成立「戰時金流韌性備援機制」，與各大銀行、電信業者簽署危機合作協議；
- 推動全民資安教育與「社群資訊應變衛士計畫」，提升民眾基本數位識讀能力與防詐意識。

第六節　資安、金流與虛擬戰爭的糾葛：從數位攻防到無聲的衝突

戰場無聲，卻傷筋動骨

虛擬戰爭、資安衝突與數位金流操作，代表著新世紀戰爭不再只見血與火，而是見數據、數字與信任崩潰。未來的戰爭，可能不會摧毀建築，卻能癱瘓社會；不會傷及生命，卻能摧毀生活秩序。

在這場無聲但劇烈的戰爭中，唯有透過制度預演、跨域合作與公民教育，建立起「看不見卻堅不可摧的數位防線」，國家才能真正守住疆界背後的文明核心。

■第十章　未來戰爭圖景：AI、氣候與超國界衝突

第七節
終戰或永戰？全球化下戰爭結束的可能性

沒有哪一場戰爭真正結束，只是換了名字與方式繼續存在。

一、戰爭終結的歷史錯覺

　　過去人類對戰爭的理解，總是伴隨著起點與終點。從古典戰爭到近代兩次世界大戰，戰爭的結束往往伴隨明確的停戰協議、領土調整、戰犯審判，彷彿「戰爭」是可以清晰終止的歷史事件。然而，隨著 21 世紀新型態戰爭的出現──資訊戰、經濟戰、認知戰、網路戰、生物戰、氣候戰，這樣的終點邏輯正快速崩解。

　　戰爭不再是一場集中性的劇烈衝突，而是以低烈度、持續性、多領域滲透的方式擴散在生活之中。當戰爭變成日常的一部分，戰爭是否能「終結」的命題本身，就變得可疑。

二、去疆界化與多層戰場的生成

　　在全球化與科技交會的今日，傳統疆界正在崩解。戰爭不再以領土為唯一爭奪目標，而是在數據伺服器、全球物流鏈、金融網絡、社群平臺上開打。資訊不再中立，能源不再只是資源，更成為戰略武器。

這樣的情境下,「戰場」已不是單一的地理空間,而是數位與實體交錯的多層結構:

- 一場網攻可癱瘓國家電網;
- 一則錯假訊息可撕裂族群認同;
- 一項稅則制裁可引發經濟崩盤與政權動盪。

戰爭從來不只是軍人的任務,而是每個城市、每個網民、每個消費者都可能被動捲入的結構現實。

三、「永戰」的系統條件

當戰爭不再以軍隊壓制、領土占領為終點,而轉向「持續競爭」與「常態對抗」,一種新的戰爭形態便浮現:永戰 (Perpetual War)。

永戰的條件包含:

- 多主體作戰:國家、企業、駭客組織、非政府行為者皆可能啟動攻擊與防衛;
- 決策碎片化:AI 與自動化武器使得戰爭決策可分散至戰場末端;
- 法理灰區:無聲侵略難以界定開戰、終戰與責任歸屬,如深偽影片造成外交災難卻無從究責;
- 經濟相依的雙刃劍:供應鏈彼此交織使國家難以徹底脫鉤,卻也讓經濟報復成為新型武器。

第十章　未來戰爭圖景：AI、氣候與超國界衝突

這些條件，使得「戰爭」變成可持續、可升級、可調節的狀態，而不再是傳統「爆發—衝突—結束」的封閉循環。

四、戰爭結束的可能條件：制度、科技與共識

儘管「永戰」的風險與結構正迅速形成，但這並不意味著終戰不可能，而是需要從結構性創新尋找出路。

- 制度上的國際重構：重新建立跨領域、多邊合作的戰爭規範體系，尤其是針對 AI、自主武器、資訊作戰的法律制定；
- 科技的倫理設計：將「可審查、可回溯、可終止」納入武器與決策程式的設計中，避免失控；
- 全球公民的集體認知：從教育、公民媒體、數位素養建立抵抗「仇恨敘事」與極化認知的文化防線。

若無這三個層面的改革，戰爭將從來不宣布開打，也永不結束——它將以金融波動、平臺封鎖、數位壓力與科技霸權的形式，悄然主宰國際秩序。

未來戰爭的終點，不是停火線，而是治理新起點

未來真正意義上的「終戰」，不會來自談判桌或勝敗宣告，而是來自對「戰爭形式本身」的制度性收編與行為準則的確立。當各國願意共同限

第七節　終戰或永戰？全球化下戰爭結束的可能性

制技術擴張、建立風險紅線，並以「共同安全」而非「單方壓制」為目標，我們才可能迎來戰爭的制度性終點。

這並非烏托邦，而是歷史重複失敗後，唯一可選擇的清醒路線。

終結戰爭的關鍵，不是武力，而是制度。

未來的戰爭不會像過去一樣，以和平條約畫下句點。它將被治理框架、演算法設計與公民意識所界定。終戰，不再是一紙協議，而是一種集體選擇。

重讀戰爭，從經典兵法到當代衝突：
解構傳統戰爭迷思，重建 AI 時代的戰略思維與制度防衛

作　　　者：	魏承昊
發　行　人：	黃振庭
出　版　者：	複刻文化事業有限公司
發　行　者：	崧燁文化事業有限公司
E - m a i l：	sonbookservice@gmail.com
粉　絲　頁：	https://www.facebook.com/sonbookss
網　　　址：	https://sonbook.net/
地　　　址：	台北市中正區重慶南路一段 61 號 8 樓
	8F., No.61, Sec. 1, Chongqing S. Rd., Zhongzheng Dist., Taipei City 100, Taiwan
電　　　話：	(02)2370-3310
傳　　　真：	(02)2388-1990
印　　　刷：	京峯數位服務有限公司
律師顧問：	廣華律師事務所 張珮琦律師

-版權聲明-

本書作者使用 AI 協作，若有其他相關權利及授權需求請與本公司聯繫。
未經書面許可，不得複製、發行。

定　　　價：450 元
發行日期：2025 年 07 月第一版
◎本書以 POD 印製

國家圖書館出版品預行編目資料

重讀戰爭，從經典兵法到當代衝突：解構傳統戰爭迷思，重建 AI 時代的戰略思維與制度防衛 / 魏承昊著, . -- 第一版 . -- 臺北市：複刻文化事業有限公司 , 2025.07
面；　公分
ISBN 978-626-428-173-7(平裝)
1.CST: 國家戰略 2.CST: 國防戰略
592.45　　　　　114008978

電子書購買

爽讀 APP　　　臉書